多级离心泵机组现场故障百例分析

王　江　张艳华　胡延军　等编著

石油工业出版社

内 容 提 要

本书系统整理了油田用多级离心泵机组的基础知识、现场常见故障及解决办法。本书是现场操作人员不可多得的经验读本，同时对离心泵机组经济运营和标准化管理有一定的指导意义。

本书可供油田现场操作人员和设备人员参考使用。

图书在版编目（CIP）数据

多级离心泵机组现场故障百例分析 / 王江等编著
. —北京：石油工业出版社，2020.7
ISBN 978-7-5183-4070-5

Ⅰ. ①多⋯ Ⅱ. ①王⋯ Ⅲ. ①多级泵－离心泵－故障诊断－案例 Ⅳ. ① TH311.07

中国版本图书馆 CIP 数据核字（2020）第 101276 号

出版发行：石油工业出版社
（北京安定门外安华里 2 区 1 号　100011）
网　　址：www.petropub.com
编辑部：（010）64523541
图书营销中心：（010）64523633
经　　销：全国新华书店
印　　刷：北京中石油彩色印刷有限责任公司

2020 年 7 月第 1 版　2020 年 7 月第 1 次印刷
880×1230 毫米　开本：1/32　印张：5
字数：130 千字

定价：65.00 元
（如发现印装质量问题，我社图书营销中心负责调换）

前言
Foreword

随着油田生产力的发展，多级离心泵作为油田液体主要输送设备，因其结构简单、零件少、经久耐用、维修方便、工作可靠、输送液体便于调节，在生产现场得到广泛应用。在使用过程中多级离心泵发生故障，如果维修不及时，直接影响输送任务的按时完成，维护和保养好各级离心泵意义重大。

基于此，大庆油田有限责任公司物资装备部、大庆油田有限责任公司第三采油厂培训部、大庆油田有限责任公司第六采油厂培训中心组织编写了本书，所选的成员都是多年从事多级离心泵维护和保养工作的一线工作人员。他们将自己的经验与生产现场中的实际情况相结合，以案例分析为核心内容，选取了100多项实际生产现场典型案例，深入剖析了多级离心泵机组在运行中的常用故障原因及相应处置手段。

本书作为现场专业指导性图书，主要具有以下两大特点：

第一，以员工在生产实际操作中经常遇到的问题为出发点，整理了操作现场应急处置的知识点，简明扼要地抓住关键性问题及现象，帮助员工尽快掌握岗位技能操作要点，在生产操作现场应对各种突发情况。

第二，总结多位专家在生产一线多年积累的实际经验、操作技巧与实用资料，以图、表、文的形式，用清晰明了的语言，生动地介绍了与生产现场操作吻合的技术措施，既方便读者学习，又能帮助读者在实际工作中对症解决故障问题。

本书可为岗位练兵中的题卡提供内容，也可作为油田生产现场管理的操作指南。参与本书内容审核的单位还有辽河油田、吉林油田、新疆油田的专家，在此表示衷心感谢。

由于编者水平有限，书中错误、疏漏之处在所难免，敬请广大读者提出宝贵意见。

编　者
2020 年 5 月

目 录
Contents

第1章　多级离心泵基础知识

1.1　离心泵定义

依靠工作叶轮旋转产生离心力，在离心力的作用下完成液体输送的泵。

1.2　多级离心泵定义

多级离心泵是指在同一根轴上，装有两个或两个以上叶轮的离心泵。它的总压头是各级叶轮压头的总和。

1.3　离心泵工作原理

离心泵在启动前，必须使泵壳及吸水管线充满液体。叶轮在泵壳内高速旋转，产生离心力。充满叶轮的液体受离心力的作用，从叶轮的四周被高速甩出，高速流动的液体汇集在泵壳内，其速度降低，压力增大。液体不断地从高压区向低压区流动，泵壳内的高压液体进入了压力低的出口管线或下一级叶轮，在叶轮的吸入室中心形成低压区，液体在外界大气压的作用下，源源不断地进入叶轮，补充叶轮的吸入口中心低压区，使泵连续工作，如图 1-1 所示。

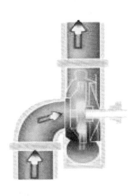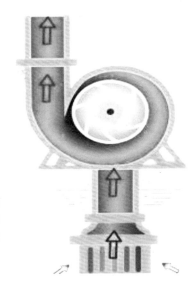

液体注满泵壳，叶轮高速旋转，液体在离心力作用下产生高速度，高速液体经过逐渐扩大的泵壳通道，动压头转变为静压头

图 1-1　离心泵工作原理

1.4　扬程

扬程又叫"水头"。扬程是泵所抽送的单位质量液体从泵进口处到出口处能量的增值。通常用 H 表示，单位为 m。泵的总扬程由吸水扬程与出水扬程两部分组成，见式（1-1）。

$$总扬程 = 吸水扬程 + 出水扬程 \tag{1-1}$$

1.5　流量

流量是泵在单位时间内输送出去的液体量（体积或质量）。流量用 Q 表示，单位是 m^3/s，m^3/h，L/s。

1.6　转速

转速是泵轴单位时间的转数，用符号 n 表示，单位是 r/min。一般来说，口径小的泵转速高，口径大的泵转速低。

1.7　轴功率

泵的功率通常指输入功率，即原动机传到泵轴上的功率，故又称轴功率，用 P 表示。

轴功率是多用在泵上的一个专业术语，即轴将动力（电动机功率）传给功部件（叶轮）的功率，见式（1-2）。功率值小于电动机额定功率。

泵的轴功率：

$$P = \rho g Q h / \eta \qquad （1\text{-}2）$$

式中　ρ——水的密度，1000kg/m³；

　　　g——重力加速度，9.8m/s²；

　　　Q——流量，m³/s；

　　　h——扬程，m；

　　　η——泵效率。

1.8　效率

效率是标志水泵传递功率的有效程度，它是水泵有效功率 $N_{有}$ 与轴功率 $N_{轴}$ 的比值。效率是水泵的一项重要技术经济指标。用符号 η 表示。常用百分比表示，见式（1-3）。

$$\eta = \left(N_{有} \middle/ N_{轴} \right) \times 100\% \qquad （1\text{-}3）$$

泵的效率的高低说明泵性能的好坏及动力利用的多少，是泵的一项主要技术经济指标，泵的效率又称泵的总效率，是泵的机械效率 $\eta_{机}$、容积效率 $\eta_{容}$ 及水力效率 $\eta_{水力}$ 三者的乘积，见式（1-4）。

$$\eta = \eta_{机} \bullet \eta_{容} \bullet \eta_{水力} \qquad （1\text{-}4）$$

一般离心泵的效率在 0.60~0.80。

1.9　离心泵的组成

离心泵由六大部分组成：

（1）转动部分：包括叶轮、轴泵、轴套；

（2）泵壳部分：包括泵壳与泵盖。多级泵包括吸入段、中段和导翼；

（3）密封部分：包括密封环和填料函；

（4）平衡部分：包括平衡盘、平衡鼓和其他平衡装置；

（5）轴承部分：包括滚动轴承和滑动轴承；

（6）传动部分：包括弹性联轴器等。

1.10　离心泵轴承的作用

（1）轴承可以支撑泵轴；

（2）轴承可以减小泵轴旋转时的摩擦阻力，有些轴承还可以承受径向力和轴向力的作用。

1.11　离心泵泵壳的作用

（1）将液体均匀导入叶轮，并收集从叶轮高速流出的液体，送到下一级或导向出口；

（2）实现能量转换，将流速减慢，变动能转为压力能；

（3）联接其他零部件，组成泵的其他部件。

1.12　多级泵吸入段的作用

（1）保证液体以最小的摩擦损失流入叶轮入口；

（2）保证叶轮进口均匀地进满液体；

（3）使液流速度均匀分布，保证叶轮的吸入能力。

1.13　离心泵联轴器的作用

（1）电动机与泵之间起传动力的作用；

（2）安装机泵和电动机找正时的依据。

1.14　离心泵的优点

（1）结构简单，零部件较少，便于维护与维修；

（2）机体体积小，占地面积少；

（3）运行时，流量、压力平稳；机泵运转时，振动较小。

1.15 离心泵的缺点

（1）离心泵自吸能力较差，供液不足时易抽空；

（2）机泵在低于额定流量即小流量操作时，泵的效率较低；

（3）在用于输送黏度较低的各种液体时，黏度对离心泵的性能影响较大。

1.16 离心泵性能曲线

泵的性能参数流量（Q）、扬程（H）、轴功率（N）、转速（n）、效率（η）之间存在关系。它们之间的量值变更关系用曲线来示意，这种曲线就称为泵的性能曲线。

性能曲线包括：流量—扬程曲线（$Q-H$），流量—效率曲线（$Q-\eta$），流量—功率曲线（$Q-N$），流量—汽蚀余量曲线（$Q-(NPSH)r$）。性能曲线的作用是泵的任意流量点，都可以在曲线上找出一组与其相对的扬程、功率、效率和汽蚀余量值，这一组参数见表1-1，称为工作状态，简称工况或工况点，离心泵最高效率点的工况称为最佳工况点，最佳工况点一般为设计工况点，如图1-2所示。

表1-1 实际测试数据

参数	数据1	数据2	数据3	数据4	数据5	数据6	数据7	数据8
排量 Q（m^3/h）	0	35	62	103	140	170	215	238
扬程 H（m）	37	38	37.5	36.5	35	33	28	25
有效功率 $N_{有}$（kW）	0.00	3.11	5.44	8.80	11.47	13.13	14.09	13.93
电流 I（A）	80	81	83	85	87	90	86	80
电压 U（V）	385	388	386	385	386	385	385	386
轴功率 $N_{轴}$（kW）	43.08	43.95	44.81	45.77	46.97	48.46	46.31	43.19
效率 η（%）	0.00	7.08	12.15	19.23	24.42	27.10	30.43	32.25

表中：$g=9.8m/s^2$，$\rho=0.86N/m^3$，$\cos\phi=0.85$，$\eta_{电}=0.95$。

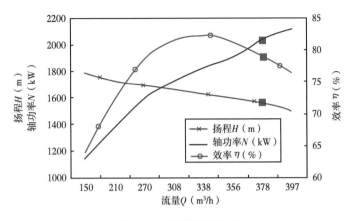

图 1-2　离心泵性能曲线

离心泵特性曲线分析如下。

（1）从 Q—H 曲线分析，排量 Q 上升的时候，扬程 H 随着下降。

流量—扬程特征曲线，如图 1-3 所示。它是离心泵的基础的性能曲线。

比转速小于 80 的离心泵具备回升和降落的特征（既两头凸起，两边下弯），称驼峰性能曲线。比转速在 80~150 的离心泵具备平整的性能曲线。比转数在 150 以上的离心泵具备陡降性能曲线。个别的说，当流量低时，扬程就高，随着流量的不断增大，扬程就会逐步下降。

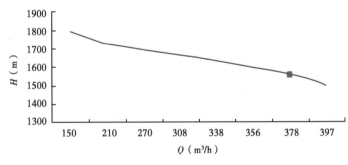

图 1-3　流量—扬程特征曲线

（2）从 Q—N 曲线分析，当 Q=0 时，$N \neq 0$。排量 Q 上升的时候，轴功率 N 也随着上升。流量—功率曲线，如图 1-4 所示。

轴功率是随着流量的增加而增大的，当流量 Q=0 时，相应的轴功率并不等于零，而为肯定值（约正常运行的 60% 左右）。这个功率主要消耗于机械损失上。此时泵里是充满液体的，假如长时间的运行，会导致泵内温度一直降低，泵壳、轴承会发热，严重时能够使泵体发热变形，这种现象又称为"闷水头"，此时扬程为最大值，当出水阀逐步关闭时，流量就会逐渐增加，轴功率亦逐步地增加。

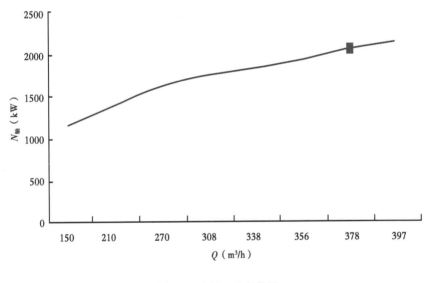

图 1-4　流量—功率曲线

（3）从 Q—η 曲线分析，当 Q=0 时，η=0，排量 Q 上升的时候，效率 η 随着上升，当排量 Q 上升到一定程度之后，排量 Q 上升的时候，效率 η 反而下降。流量—效率曲线，如图 1-5 所示。

它的曲线像山头外形，当流量为 0 时，效率也等于 0，随着流量的增大，效率也逐步上升，但上升到最高点之后，效率就会随着流量的增大而逐步下降，效率有一个最高效率点（也称最佳工况点），在最高效率点附近区域，效率都最高，这个区域称为高效率区。

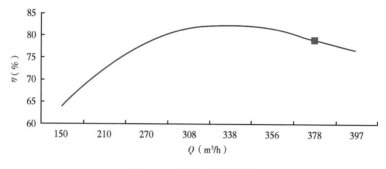

图 1-5　流量—效率曲线

第 2 章　三相异步电动机基础知识

2.1　三相异步电动机

　　三相异步电动机是感应电动机的一种，是同时接入 380V 三相交流电流（相位差 120°）供电的一类电动机，由于三相异步电动机的转子与定子旋转磁场以相同的方向、不同的转速形成旋转，旋转时存在转差率，所以叫三相异步电动机。

　　三相异步电动机是一种将电能转化为机械能的电力拖动装置。它主要由定子、转子和它们之间的气隙构成。对定子绕组通三相交流电源后，产生旋转磁场并切割转子，获得转矩。三相异步电动机具有结构简单、运行可靠、价格便宜、过载能力强及使用、安装、维护方便等优点，被广泛应用于各个领域。

2.2　三相异步电动机工作原理

　　当三相交流电流通入三相定子绕组后，在定子腔内便产生一个旋转磁场。转动前静止不动的转子导体在旋转磁场作用下，相当于转子导体相对地切割磁场的磁力线，从而在转子导体中产生了感应电流（电磁感应原理）。这些带感应电流的转子导体在磁场中便会发生运动（电流的力效应——电磁力）。由于转子内导体总是对称布置的。因而导体上产生的力正好方向相反，从而形成电磁转矩，使转子转动起来。由于转子导体中的电流是定子旋转磁场感应产生的，因此也称感应电动机。又由于转子的转速始终低于定子旋转磁场的转速，所以又称为异步电动机。

2.3　三相异步电动机的构造

三相异步电动机由定子和转子两个基本部分组成，如图 2-1 所示。定子是固定部分，转子是转动部分。为了使转子能够在定子中自由转动，定子、转子之间有 0.2~2mm 的空气隙。

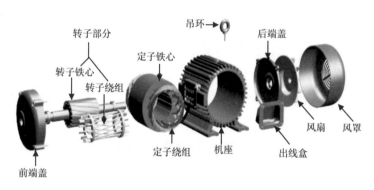

图 2-1　三相异步电动机结构图

2.4　电动机的型号

型号是表示电动机名称、规格、防护形式及转子类型等所采用的产品代号。中国电动机型号一般采用大写印刷体的汉语、拼音字母和阿拉伯数字等组成。其中汉语拼音字母是根据电动机的全名称选择有意义的汉字，再用该汉字的第一个拼音字母组成。

常用的字母含义如下。

J——交流异步电动机；

Y——异步电动机（新系列）；

O——封闭式（没有 O 是防护式）；

R——绕线式转子（没有 R 为鼠笼式转子）；

S——双鼠笼式转子；

C——深槽式转子；

Z——冶金和起重用的铜条鼠笼式转子；

Q——高起重转矩；

L——铝线电动机；

D——多速；

B——防爆；

如型号（Y2-632-2）：

Y2——产品代号；

63——机座中心高 63mm；

2——铁心长度代号（1 表示短铁心，2 表示长铁心）；

2——磁极极数 (极对数 P=1)。

如型号（Y200L-4）：

Y——产品代号；

200——机座中心高 200mm；

L——长机座（S 表示短机座，M 表示中机座）；

4——磁极极数 (极对数 P=2)。

2.5　三相异步电动机的优点

构造简单、坚固耐用、维修方便、价格便宜等优点。

2.6　三相异步电动机的缺点

主要是调速性能较差，功率因数较低，在一定程度上限制了它的应用。

2.7 三相异步电动机的铭牌

三相异步电动机铭牌见表2-1。

表2-1 三相异步电动机铭牌表

三相异步电动机					
型号	Y160L-4	功率	15kW	频率	50Hz
电压	380V	电流	30.3A	接法	△
转速	1440r/min	温升	80℃	绝缘等级	B
工作方式	连续	重量	45kg		
年 月 日 编号 × × 电机厂					

三相异步电动机的铭牌数据包括以下几项。

（1）额定功率 P_N：额定运行状态下的轴上输出机械功率，kW。

（2）额定电压 U_N：额定运行状态下加在定子绕组上的线电压，V 或 kV。

（3）额定电流 I_N：额定电压下电动机输出额定功率时定子绕组的线电流，A。

对于额定电流，还可以采用经验公式进行估算，见式（2-1）。

$$I_N \approx 600P_h / U_N = 600P_N / 0.746U_N \approx 800P_N / U_N \tag{2-1}$$

其中，功率的单位为 kW，电压的单位为 V。

（4）额定转速 N_n：电动机在额定输出功率、额定电压和额定频率下的转速，r/min。

（5）额定频率 f_N：电动机电源电压标准频率。中国工业电网标准频率为 50Hz。

三相异步电动机轴上额定输出功率与输入电功率的关系见式（2-2）：

$$P_N = \sqrt{3}U_N I_N \cos\theta_N \eta_N \tag{2-2}$$

式中　$\cos\theta_N$——电动机在额定运行状态下定子侧的功率因数；

　　　η_N——额定运行状态下电动机的效率。

此外，绕线转子异步电动机还标有转子额定电势和转子额定电流。前者系指定子绕组加额定电压、转子绕组开路时两集电环之间的电势（线电势）；后者系指定子电流为额定值时转子绕组的线电流。

2.8　电动机的绝缘等级

指其所用绝缘材料的耐热等级，分 A、E、B、F、H 级，见表 2-2。允许温升是指电动机的温度与周围环境温度相比升高的限度。

表 2-2　电动机绝缘等级数据表

绝缘的温度等级	A 级	E 级	B 级	F 级	H 级
最高允许温度（℃）	105	120	130	155	180
绕组温升限值（K）	60	75	80	100	125
性能参考温度（℃）	80	95	100	120	145

在发电动机等电气设备中，绝缘材料是最为薄弱的环节。绝缘材料尤其容易受到高温的影响而加速老化并损坏。不同的绝缘材料耐热性能有区别，采用不同绝缘材料的电气设备其耐受高温的能力就有不同。因此一般的电气设备都规定其工作的最高温度。

2.9　细分绝缘等级

人们根据不同绝缘材料耐受高温的能力对其规定了 7 个允许的最高温度，按照温度大小排列分别为：Y、A、E、B、F、H 和 C。

它们的允许工作温度分别为 90℃、105℃、120℃、130℃、155℃和 180℃以上。因此，B 级绝缘说明的是该发电动机（电动机）采用的绝缘耐热温度为 130℃。使用者在发电动机工作时应该保证不使发电动机绝缘材料超过该温度才能保证发电动机正常工作。

2.10 电动机的效率

电动机内部功率损耗的大小是用效率来衡量的，输出功率与输入功率的比值称为电动机的效率，效率高，说明损耗小，节约电能。但过高的效率要求，将使电动机的成本增加。一般三相异步电动机在额定负载下其效率为 75%~92%。异步电动机的效率也随着负载的大小而变化。空载时效率为零，负载增加，效率随之增大，当负载为额定负载的 0.71 倍时，效率最高，运行最经济。

第3章 转动和传动部分故障分析与处理方法

故障1 多级离心泵不吸水，同时压力表的指针剧烈波动

※ 现象：

机泵各项参数（包括电流、压力）产生波动，如图3-1（a）所示，同时机组振动，如图3-1（b）所示。

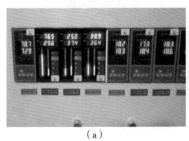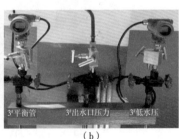

（a）　　　　　　　　　　　（b）

图3-1　多级离心泵不吸水故障

※ 故障原因：

　　（1）泵的供水不足；

　　（2）泵体内或吸水管线内有空气；

　　（3）压力表接头漏气；

（4）泵水封管堵塞、填料泄漏或轴套与轴配合处进气。

※ 处理方法：

（1）增大泵的供水量；

（2）排放泵体内或吸入管线内的空气；

（3）拧紧压力表接头；

（4）检查泵的水封管、压紧或更换填料、更换轴套端面部位的"O"形密封圈。

故障2 多级离心泵输不出液体

※ 现象：

流量计无流量显示，如图3-2所示。

图3-2 流量计无流量显示

※ 故障原因：

（1）泵体内或泵的吸入管内留有空气；

（2）泵的吸上扬程过高或大罐液位低；

（3）来液压力低或接近于气化压力；

（4）泵的进口管路漏气；

（5）泵的转速过低；

（6）电动机转向不对；

（7）装置扬程与泵的实际扬程不符；

（8）泵输送的介质重度与黏度不符合原设计要求；

（9）泵体内或管路内有杂物堵塞。

※ 处理方法：

（1）停泵，重新进液，排放空气；

（2）调整或降低泵的安装高度，减少吸入管的阻力，提高大罐液位高度；

（3）提高来液压力，改进进液条件；

（4）及时检修堵漏；

（5）以泵铭牌给定的参数，调整转速或更换与泵转速相同的电动机；

（6）调整电动机的旋转方向，与泵旋转方向相同；

（7）降低或调整外网系统压力，使之低于泵的扬程；

（8）输送的介质要符合机泵原设计要求或更换符合该介质重度和黏度的机泵；

（9）检查清除堵在泵内及管线内杂物。

故障 3　多级离心泵启泵后不出液体或泵压过低

※ 现象：

泵压高如图 3-3（a）所示，机组振动如图 3-3（b）所示，温度升高。

（a）　　　　　　　　　　（b）

图 3-3　多级离心泵不出液或泵压低

※ 故障原因：

（1）启泵后不出液体，泵的出口压力很高，电流小，吸入压力正常。其原因是启运的机泵的泵出口阀门未打开，出口闸脱落，排出管线冻结，或管压超过泵的死点扬程；

（2）启泵后不出液体，泵压过低且泵的出口压力表指针波动。其原因是启运的机泵的泵进口阀门没打开，进口闸板脱落，进口过滤器或进口管线堵塞，罐液位过低；

（3）启泵后不出液体，泵的出口压力过低，且泵的出口压力表波动大，电流小，吸入压力正常，且伴随着泵体振动、噪声大。这是由于启泵前泵内气体未放净，密封圈漏气严重，启泵时打开出口阀门过快而造成抽空和气蚀现象；

（4）启泵后不出液体，泵的出口压力过低，电流小，吸入压力正常，其原因是泵内各部件间隙磨损严重。

※ 处理方法：

（1）检查启运机泵的出口阀门开启度，打开出口阀门，修理或更换出口阀门，汇报上级，组织维修人员解堵；减少同一出口线管网的机泵运行台数，降低出口线管网压力；

（2）打开启运机泵的进口阀门，开大进口阀开启度；检修或更换进口阀门；清除进口管线及进口过滤器内的堵塞物；保持罐液位；

（3）停运设备，重新放净泵内气体；适当调整密封圈松紧度；启泵时，缓慢打开出口阀门；

（4）检修或更换转子上的部件。

故障4 多级离心泵出口压力表有压力，但出水管路末端不出水

※ 现象：

泵的出口压力高，各支线压力低，汇管压力低。

※ 故障原因：

（1）运行泵的出口阀门未打开，如图 3-4（a）所示；

（2）泵出口单流阀装反或损坏；

（3）机泵反转；

（4）外网的管网压力高于泵的扬程，如图 3-4（b）所示；

（a）　　　　　　　　　　　（b）

图 3-4　多级离心泵不出水

（5）泵叶轮或出水管路被杂物堵塞；

（6）机泵的转速太低；

（7）泵所输送的介质的重度与黏度大。

※ 处理方法：

（1）打开泵的出口阀门，使泵在最佳的工况区内运行；

（2）按照液体流向，正确安装单流阀；

（3）请专业人员调整电动机转向，使其与泵转向一致；

（4）改造外部管网，调整或降低外网压力，使它低于泵的出口压力；

（5）检查、清理泵内叶轮和管路内杂物；

（6）调整转速或更换与泵转速相同的电动机，达到机泵的设计转速要求；

（7）降低输送介质的黏度或更换符合该介质重度和黏度的机泵。

故障5 多级离心泵压力下降

※ 现象:

机组有异常声响或泵出口排量增大。

※ 故障原因:

(1) 储罐液位低,泵的吸入压力不够;

(2) 泵内的口环与叶轮、挡环与衬套严重磨损,间隙过大,如图 3-5 (a) 所示;

(3) 泵的进口管线及过滤器堵塞,泵的进液量不足,如图 3-5 (b) 所示;

(a)

(b)

图 3-5 多级离心泵压力下降

(4) 电压低,电动机转数不够;

(5) 泵的出口压力表指示不准或损坏;

(6) 泵的出口管线管网严重漏失;

(7) 电动机反转。

※ 处理方法:

(1) 调整来液量,提高储罐液位;

(2) 停泵,检修或更换磨损严重的零部件;

（3）清除泵进口管线和进口过滤网内的堵塞杂物；

（4）联系供电单位，查明原因，恢复正常供电；

（5）校验或更换压力表；

（6）向有关上级汇报，组织巡线检查，及时封堵漏点，恢复正常生产；

（7）请专业人士调整电动机接线。

故障 6　多级离心泵不出水，真空表显示出高度真空

※ 现象：

有振动、噪声大、填料处干磨发热、冒烟，如图 3-6 所示。

图 3-6　多级离心泵填料干磨、发热

※ 故障原因：

（1）底阀没打开或泵的进水管线堵塞，泵的进口阀门关死；

（2）离心泵的安装高度高或倒灌水头太小；

（3）泵的吸水管线阻力过大。

※ 处理方法：

（1）检查底阀，清洗泵的进口管路，打开泵的进口阀；

（2）降低离心泵的安装高度，增加倒灌水头；

（3）更换大口径吸水管、减少弯头，降低吸水管线的阻力。

故障 7 多级离心泵不出液，内部声音反常，振动大

※ 现象：

机组温度升高，如图 3-7 所示，声音异常。

图 3-7 多级离心泵机组温度升高

※ 故障原因：

（1）泵的吸水管线阻力过大；

（2）离心泵在安装过程中，吸入高度超过泵的允许范围或灌注水头小；

（3）泵输送的介质温度过高。

※ 处理方法：

（1）更换大口径吸水管、减少弯头，降低吸水管线的阻力；

（2）降低离心泵的安装高度、增加灌注水头；

（3）降低机泵输送介质的温度。

故障 8 多级离心泵启动后无压力或压力过低

※ 现象：

机泵启动后泵的出口压力没有达到铭牌参数的额定值或正常运行压

力，如图 3-8 所示。

图 3-8　多级离心泵启动后无压力

※ 故障原因：

（1）机泵反转；

（2）泵的进口介质压力过低；

（3）泵体内有气体；

（4）泵进口各部件有漏气现象。

※ 处理方法：

（1）请专业人士调整电动机运转方向；

（2）检查储罐液位，提高泵的进口压力；

（3）停泵，排出泵内气体；

（4）检查泵的进口管线法兰、阀门、密封圈、处理漏气现象。

故障 9　多级离心泵无液体提供，供给液体不足或压力不足

※ 现象：

振动、高温、气蚀、密封圈冒烟，如图 3-9 所示。

图 3-9 多级离心泵密封圈冒烟

※ 故障原因：

（1）泵内没有液体或没有适当排气；

（2）泵的速度太低；

（3）泵的系统水头损失太高；

（4）泵的吸程太高；

（5）泵内叶轮或管线堵塞，有杂物；

（6）泵的转动方向不对；

（7）泵内产生内有气体或进口管线有泄漏；

（8）泵的填料函中的填料或密封磨损，使空气漏入泵壳中；

（9）泵输送热的或挥发性液体时吸入水头不足；

（10）泵的底阀太小；

（11）泵的底阀或入口管浸没深度不够；

（12）泵内叶轮间隙太大；

（13）泵叶轮及其配件损坏；

（14）泵的叶轮直径太小；

（15）泵压力表显示数值不准确；

（16）密封压盖过紧。

※ 处理方法：

（1）检查泵壳和泵入口管线是否全部注满了液体；

（2）检查电动机的接线是否正确，电压是否正常；

（3）检查系统的水头损失（特别是摩擦损失）；

（4）检查现有的净压头损失是否过大（入口管线太小或太长会造成很大的摩擦损失）；

（5）检查叶轮及进口管线内有杂物；

（6）请专业人士调整检查转动电动机方向；

（7）停运机泵，进行排空处理或处理进口管线泄露；

（8）检查或更换填料或机械密封，检查润滑是否正常；

（9）再增大吸入水头，与厂家进行协调，进行处理；

（10）正确安装尺寸合适的底阀；

（11）咨询厂家正确的浸没深度，采用挡板技术消除涡流；

（12）调整叶轮之间的间隙；

（13）按实际生产需求，更换叶轮；

（14）咨询厂家正确的叶轮直径；

（15）检查更换压力表，检查压力表引线或管道；

（16）适当调整密封压盖松紧度。

故障 10　多级离心泵泵压忽然下降

※ 现象：

平衡压力异常、压力表指针摆动、振动、气蚀。

※ 故障原因：

（1）泵进液量明显不足，如图 3-10（a）所示；

（2）泵体内各部间隙过大；

（3）机泵各压力表失灵或指示不准及损坏；

（4）机泵所输送介质的温度过高，产生汽化；

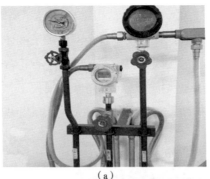

（a）

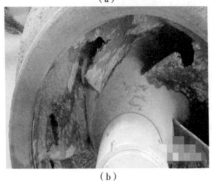

（b）

图 3-10 多级离心泵泵压下降

（5）泵进口过滤器有杂物或叶轮堵塞；

（6）机泵平衡机构磨损严重，如图 3-10（b）所示；

（7）电动机转数不够。

※ 处理方法：

（1）检查储罐液面，液面过低时，应及时补充液位；

（2）停泵，检查调整泵内各部件间隙；

（3）检查或更换失灵及损坏的压力表；

（4）降低输送介质的温度，及时排出泵内气体；

（5）清洗进口滤器内杂物或泵内叶轮内杂物；

（6）停泵，检查调整平衡盘间隙；

（7）请专业人员查明电动机转数低的原因。

故障 11　多级离心泵启泵不上水，压力表无读数显示，吸入真空表有较高的负压

※ 现象：

机组振动如图 3-11（a）所示、高温如图 3-11（b）所示。

（a）　　　　　　　　　　　　　　（b）

图 3-11　多级离心泵启泵不上水

※ 故障原因：

（1）泵进口阀门未打开；

（2）泵进口阀门闸板脱落；

（3）进口管线过滤器堵死；

（4）进口管线堵死；

（5）泵的进口法兰盲板未拆除。

※ 处理方法：

（1）打开泵的进口阀门；

（2）检修泵进口阀门；

（3）清洗进口管线过滤器，清除杂物；

（4）检查、清洗进口管线，排除杂物；

（5）拆除法兰盲板，更换法兰垫子。

故障 12 多级离心泵启泵不上液，但吸入真空表负压不高，出口压力表无读数

※ 现象：

气蚀、异常声响、温度升高。

※ 故障原因：

（1）泵内液体没有充满，有气体；

（2）机泵旋转的方向不对；

（3）储罐内液面过低，如图 3-12（a）所示；

（4）泵内叶轮流道堵塞，如图 3-12（b）所示。

（a）

（b）

图 3-12 多级离心泵启泵不上液

※ 处理方法：

　（1）停泵，打开泵进口阀门和放空阀门，排净泵内空气；

　（2）电工调换电动机相序，使电动机转向与泵的旋转方向一致；

　（3）提高储罐液位，达到标准高度；

　（4）拆卸泵段，检查叶轮，清除叶轮内的杂物。

故障 13　多级离心泵启泵前液灌不满

※ 现象：

　管线或阀门渗漏如图 3-13 所示。

图 3-13　管线渗漏

※ 故障原因：

　（1）底阀损坏，漏失严重；

　（2）吸入管线有漏点。

※ 处理方法：

　（1）检修或更换底阀；

　（2）修复或更换漏点部分。

故障 14 多级离心泵联轴器胶皮圈严重磨损

※ 现象：

机泵周围有胶件碎末如图 3-14 所示。

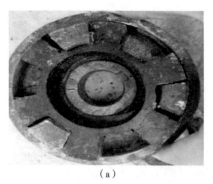 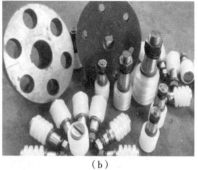

（a）　　　　　　　　　　　　　（b）

图 3-14　离心泵联轴器胶皮圈磨损

※ 故障原因：

（1）电动机轴与泵轴不同心；

（2）泵轴有弯曲现象或轴承严重磨损；

（3）由于机泵的振动而引起联轴器振动。

※ 处理方法：

（1）重新调整和检测离心泵机组同心度，达到规范标准要求；

（2）重新检测、校直泵轴或更换弯曲的泵轴，达到规范标准要求；

（3）检测并查找引起机泵振动的原因，并重新进行调整，使振动值在要求范围内。

故障 15 多级离心泵运行超负荷

※ 现象：

平衡压力增大、波动，机组振动。

※ 故障原因：

（1）选用的电动机质量差，定子与转子产生摩擦；

（2）泵体内部叶轮与口环、叶轮与泵壳之间有摩擦，如图 3-15 所示；

图 3-15　多级离心泵泵件损坏

（3）所输送的液体密度增加；

（4）密封填料压得过紧或干摩擦；

（5）轴承损伤；

（6）机泵转速过高；

（7）机泵泵轴弯曲；

（8）机泵的轴向力平衡装置失效；

（9）联轴器不同心或轴向间隙过小；

（10）机泵所输送液体黏度过高或密度过大。

※ 处理方法：

（1）更换新的电动机；

（2）更换泵内损坏的零件并加以修复；

（3）检查所输送液体的密度；

（4）调整密封填料、检查水封管；

（5）更换新的轴承；

（6）电工检查电源并调整电动机转速；

（7）校正或更换泵轴；

（8）检查平衡管是否堵塞；

（9）停泵，检测调整同心度；

（10）更换与输送液体匹配的大功率电动机。

故障 16　多级离心泵发生振动和噪声

※ 现象：

运行机组有尖叫的声音、负荷大、振动大，如图 3-16 所示。

图 3-16　多级离心泵振动大

※ 故障原因：

（1）机泵内部或吸入管线内有空气；

（2）泵进液情况不好，产生汽蚀；

（3）泵的流量在极小时，泵在运转中产生了振动；

（4）泵与电动机不同心；

（5）泵内叶轮止口与密封环产生了摩擦；

（6）机泵轴承损伤或损坏；

（7）泵体内部或管线内有杂物堵塞；

（8）转子不平衡引起泵的振动；

（9）轴承盒内润滑油（脂）变质、过少或太脏；

（10）机泵基础不牢；

（11）爪型联轴器内的弹性块损伤或损坏、弹性联轴器橡胶胶圈损坏。

※ 处理方法：

（1）重新进液，打开泵头放空阀门，排净泵内空气；

（2）降低泵的吸入标高，减少泵吸入管线阻力，提高储罐液面高度，泵进口加装诱导轮，降低所输送介质的温度等；

（3）开大或调整泵出口阀门，使机泵在最佳工况区内运行；

（4）停泵，重新测量和调整离心泵机组同心度，达到标准规定值；校直或更换泵轴，使轴的弯曲度在标准规定范围内；

（5）调整叶轮止口与密封环配合间隙，更换不合适的部件；

（6）更换新的轴承；

（7）停泵，清除杂物；

（8）检查泵转子的径向跳动，做动、静平衡的检测，调整到规定范围内；

（9）及时添加润滑油（脂）或更换新的润滑油（脂）；

（10）重新加固基础或更换基础；

（11）更换弹性块或胶皮圈。

故障 17　多级离心泵转动部件转动困难或有摩擦

※ 现象：

盘泵困难，有响声。

※ 故障原因：

（1）机泵的泵轴弯曲；

（2）泵内各部件之间的间隙有误差；

（3）机泵所对应的管道的应力太大；

（4）泵轴或叶轮口环有卡阻现象，如图3-17（a）所示；

（5）泵叶轮和泵段之间有杂物，如图3-17（b）所示。

（a）

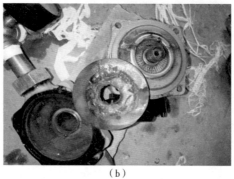

（b）

图3-17　多级离心泵盘泵困难

※ 处理方法：

（1）按规定对泵轴进行校直或直接进行更换；

（2）检查泵体内各部之间的间隙是否正确，更换有问题的部件；

（3）咨询厂家，消除应力。在消除应力后，检查对中情况；

（4）检查转动部件和轴承，更换磨损或损坏的部件；

（5）清理泵进口管线及进口滤砂器，清理杂物的来源。

故障 18　多级离心泵轴弯曲

※ 现象：

　　机组运转时有噪声、机泵负荷大，如图 3-18 所示。

图 3-18　多级离心泵泵轴弯曲

※ 故障原因：

　　（1）机泵的转子不平衡；

　　（2）机泵的同心度有误差；

　　（3）在安装时没有按操作手册进行，造成部件损伤；

　　（4）机泵经常抽空运转。

※ 处理方法：

　　（1）按规定对泵轴进行校直或直接进行更换；

　　（2）重新调整同心度；

　　（3）按照操作规程装卸；

　　（4）加强巡检力度，防止泵抽空。

故障 19　多级离心泵轴轴颈磨损

※ 现象：

　　多级离心泵轴轴颈磨损，如图 3-19 所示。

图 3-19　多级离心泵泵轴轴颈磨损

※ 故障原因：

（1）机泵同心度差；

（2）机泵运行中的振动；

（3）叶轮及其附属部件与泵段之间部件间隙不符合标准；

（4）离心泵的泵轴弯曲。

※ 处理方法：

（1）调整同心度，并对轴颈损伤部分进行镀铬；

（2）检测振源并予以消除；

（3）调整叶轮及泵段部件之间的配合间隙；

（4）校正或更换泵轴。

故障 20　多级离心泵叶轮腐蚀

※ 现象：

离心泵流量减少，机泵运行中有振动现象，泵效下降，能耗增高。

※ 故障原因：

（1）所输送的介质腐蚀叶轮如图 3-20 所示；

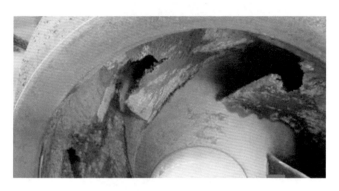

图 3-20　多级离心泵叶轮腐蚀

（2）运行中液流冲刷；

（3）泵抽空时产生的汽蚀。

※ 处理方法：

（1）调整所输送的介质或更换选用耐腐蚀叶轮；

（2）泵体内部整体做涂膜保护；

（3）停泵，排净泵内气体，重新启泵。

故障 21　多级离心泵叶轮口环磨损

※ 现象：

振动、噪声，如图 3-21 所示。

图 3-21　多级离心泵叶轮口环磨损

※ 故障原因：

（1）机泵同心度不好；

（2）机泵的泵轴窜动。

※ 处理方法：

（1）停泵，重新调整机组同心度；

（2）更换机泵泵轴。

故障 22　多级离心泵轴功率过大

※ 现象：

轴瓦端盖温度升高，有异常噪声。

※ 故障原因：

（1）运行泵的实际转速高于泵的设计转数（即铭牌规定）；

（2）泵的填料压盖压得太紧；

（3）叶轮与密封环严重摩擦，如图 3-22（a）所示；

（4）泵的流量过大；

（5）输送的介质黏度、重度大；

（6）泵轴与电动机轴不同心；

（7）机泵的轴承损坏、润滑油（脂）脏、变质或润滑油（脂）过多、油位低，如图 3-22（b）所示。

（a）　　　　　　　　　（b）

图 3-22　多级离心泵轴瓦过紧、润滑不足

※ 处理方法：

（1）按照设计要求，降低转速；

（2）按照标准调整填料压盖松紧度，使漏失量不超过标准要求；

（3）更换密封环或调整叶轮止口与密封环配合间隙；

（4）控制小泵的出口阀门，把流量控制在最佳工况区内；

（5）降低输送介质的重度与黏度，达到规定范围内的要求；

（6）重新测量和调整离心泵机组同心度，达到规定范围内的要求；

（7）更换轴承，更换润滑油（脂），按规定标准要求加油。

故障 23 多级离心泵流量、扬程下降

※ 现象：

振动、来液压力低，泵出口憋压。

※ 故障原因：

（1）机泵内部或吸入管线内有空气；

（2）泵的吸上扬程过高或储罐液面低；

（3）泵进口来液压力小或接近于汽化压力；

（4）干线系统有穿孔，如图 3-23（a）所示；

（5）机泵的转速低于设计要求；

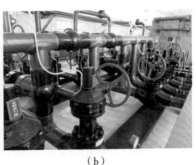

（a）   （b）

图 3-23 多级离心泵流量下降

（6）机泵的转向不对（反转）；

（7）外界管网干线的压力高于泵的出口压力，如图 3-23（b）所示；

（8）输送的介质重度与黏度大；

（9）泵内或管线内有杂物堵塞；

（10）密封环磨损，累积间隙过大；

（11）填料材质不好或加装方法不得当。

※ 处理方法：

（1）停泵，重新进液，排放泵内空气；

（2）降低机泵安装标高，减少泵的吸入管阻力，提高储罐液面高度；

（3）更换或加大泵的进口管线；

（4）加强巡检，发现漏点及时处理堵漏；

（5）按照设计要求及泵的铭牌参数调整泵的转速；

（6）电力人员调整电动机的旋转方向，使其与泵的旋转方向一致；

（7）汇报主管上级，及时调整或降低外网压力；

（8）降低所输送得介质黏度；

（9）检查清理泵内及管线内的杂物；

（10）更换磨损的密封环，使叶轮止口与密封环配合间隙在标准规定范围内；

（11）重新选择填料，并按操作规程的要求进行加装。

故障 24　多级离心泵不排液

※ 现象：

气蚀、有噪声。

※ 故障原因：

（1）机泵内部或吸入管线内有空气（或泵内气体未排完）；

（2）机泵转向不对；

（3）机泵转速太低；

（4）进口过滤器滤网堵塞，底阀不灵；

（5）吸上高度过高，如图 3-24 所示。

图 3-24　多级离心泵吸上高度过高

※ 处理方法：

（1）停泵，重新进液，排放泵内空气；

（2）电力人员调整电动机的旋转方向，使其与泵的旋转方向一致；

（3）电工检查电源并调整电动机转速；

（4）检查进口过滤器滤网，消除杂物；

（5）降低吸上高度。

故障 25　多级离心泵发生水击

※ 现象：

机泵反转、滤砂器端盖有液体刺出，如图 3-25 所示。

图 3-25　滤砂器端盖有液体刺出

※ 故障原因：

（1）由于不可抗拒的原因，运行机组突然停电，造成系统压力产生波动，出现了排出系统负压，溶于液体中的气泡逸出使泵或管道内产生气体；

（2）运行机组出口干线内的高压液流，由于停电而产生的突然失压，产生迅猛倒灌，冲击在泵出口单向阀阀板上，使出口干线内的液体迅速倒灌；

（3）泵出口干线的阀门关闭过快。

※ 处理方法：

（1）立即打开泵的放空阀门，将气体排净，同时，按泵的旋转方向进行盘泵；

（2）立即关闭泵出口阀门，切断倒灌液体，同时检查泵出口单向阀的阀板是否落下；

（3）侧身缓慢关闭泵出口阀门。

故障 26 多级离心泵停泵后机泵倒转

※ 现象：

轴承温度升高，进口滤砂器端盖渗水。

※ 故障原因：

停泵后，机泵发生倒转时，由于出口阀门及单流阀关不严，如图 3-26 所示，使干线中的高压液体返回，冲动泵的叶轮，造成机泵倒转。

图 3-26 单流阀损坏

※ 处理方法：

发现机泵出现倒转后，应立即关严干线切断阀门，打开回流阀门；检修泵出口阀和止回阀。否则机泵长时间倒转，就会导致电动机烧毁，离心泵转子部件损坏。

故障 27 多级离心泵（加长）联轴器易损坏

※ 现象：

声音异常、有铁器磕碰声，联轴器如图 3-27 所示。

图 3-27　多级离心泵加长联轴器

※ 故障原因：

（1）机泵同心度发生了变化；

（2）联轴器使用的弹性胶圈质量差，磨损严重；

（3）泵体内叶轮与密封环配合间隙磨损后变大；

（4）轴承磨损或损坏，引起泵振动；

（5）机泵转子有松动，导致联轴器端面间隙出现变化；

（6）机泵泵轴弯曲。

※ 处理方法：

（1）重新测量和调整离心泵机组同心度，达到规定范围内的要求；

（2）联轴器更换质量好的弹性胶圈；

（3）重新调整泵的叶轮止口与密封环的配合间隙；

（4）更换轴承；

（5）重新锁紧紧固螺母、调整机泵的工作窜量；

（6）检查泵轴的弯曲度，按规定参数进行校直或更换泵轴。

故障 28　多级离心泵泵振动过大

※ 现象：

机组周围地面振动，各仪表数值变化大。

※ 故障原因：

（1）泵的流量过大；

（2）机泵转子不平衡；

（3）运行泵的地脚螺丝松动，如图 3-28 所示；

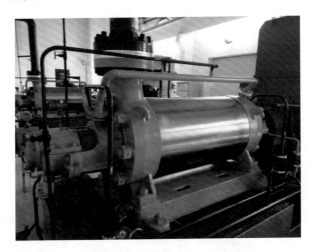

图 3-28 多级离心泵基础不牢

（4）来液不稳，泵抽空；

（5）机组同心度发生了变化；

（6）出口干线固定不牢；

（7）机泵泵轴弯曲。

※ 处理方法：

（1）按照额定值进行流量调整；

（2）停泵，按照规定对转子进行找平衡；

（3）重新紧固机组的地脚螺丝；

（4）提高储罐液位，打开泵放空阀门，排气；

（5）按照标准重新调整机组同心度；

（6）泵出口干线进行加固；

（7）检查泵轴的弯曲度，按规定参数进行校直或更换泵轴。

故障 29　多级离心泵转动过程中流量和扬程降低

※ 现象：

　　压力发生变化并伴有噪声。

※ 故障原因：

　　（1）气体进入泵的吸入管；

　　（2）泵体内叶轮密封环或泵体密封环磨损；

　　（3）泵体内的叶轮流道有堵塞现象或叶轮磨损，如图 3-29 所示；

图 3-29　多级离心泵叶轮密封环磨损

　　（4）机泵附属测量仪表失灵。

※ 处理方法：

　　（1）找到漏气处，重新紧固；

　　（2）对损坏的部件进行更换；

　　（3）清洗叶轮，磨损严重的叶轮进行更换；

　　（4）附属仪表进行校对或更换。

故障 30　多级离心泵泵排量下降

※ 现象：

　　叶轮（其他转动部分）与泵壳（其他静止部分）摩擦，轴承损坏、电动机缺相运行或电压变化。

※ 故障原因：

　　（1）泵内叶轮口环处磨损如图 3-30 所示；

图 3-30　多级离心泵叶轮口环磨损

　　（2）进口过滤器滤网被杂物堵塞；

　　（3）泵出口管线或泵壳体连接处漏失；

　　（4）泵体内个别叶轮松脱不转动；

　　（5）电源频率过低。

※ 处理方法：

　　（1）检查叶轮口环，必要时进行更换；

　　（2）清除进口过滤器滤网内的杂物；

　　（3）及时处理连接法兰及管线连接处的漏失；

　　（4）机泵拆解，重新对叶轮进行安装；

　　（5）电力人员对电源频率进行检查。

故障 31　多级离心泵产生水击现象

※ 现象：

　　在压力管道中，液体流速发生巨变，造成瞬时压力有明显的反复变化，如图 3-31 所示。

图 3-31　多级离心泵汽蚀叶轮损坏

※ 故障原因：

（1）由于泵内产生汽蚀，气泡在泵体内的高压区突然破裂，气泡周围的液体急剧向其凝聚，形成水击现象；

（2）由于线路故障，突然停电，造成系统压力产生波动；

（3）由于突然停电，使泵出口内的高压液柱迅猛倒灌，冲击泵出口单流阀阀板；

（4）泵出口干线上的阀门关闭过快，产生冲击。

※ 处理方法：

（1）改善或更换泵的进液管线，减少或杜绝汽蚀现象发生；

（2）做双侧电源投用措施，减少系统压力波动；

（3）对泵的出口阀门及出口单流阀定期进行维护；

（4）侧身关闭泵出口阀门时动作要缓慢，防止过快。

故障 32　多级离心泵振动

※ 现象：

运行机组电流及压力发生变化并伴有汽蚀现象。

※ 故障原因：

（1）机泵固定地脚螺栓或垫铁松动；

（2）泵与电动机同心度不对，或对轮螺丝尺寸不符合要求；

（3）机泵的转子平衡不对，叶轮损伤或损坏，叶轮流道堵塞，平衡装置的平衡管堵塞；

（4）机泵的进出口管线配制不合规范标准，连接固定效果差；

（5）运行机组的轴承损伤或损坏，滑动轴承没有紧力，或轴承间隙超出规定范围，如图 3-32 所示；

图 3-32　电动机轴承损坏

（6）运行机组产生汽蚀，泵抽空，泵的流量减少；

（7）机泵的转子与定子部件发生严重的摩擦；

（8）泵内的各部构件产生了松动。

※ 处理方法：

（1）重新拧紧固定地脚螺栓，点焊固定地脚垫铁；

（2）重新校对同心度，更换联轴器对轮螺丝；

（3）检查校正动平衡，更换叶轮，疏通叶轮流道等；

（4）按照规定标准重新配制进出口管线并固定好；

（5）更换机泵损坏的轴承，锉削滑动轴承的中分面，加铜片调整轴承间的间隙；

（6）开大进口阀，加大进口液体流速，也可打开回流装置；

（7）停泵，检修或进行调整；

（8）拆解机泵，重新调整、紧固。

故障 33　多级离心泵排液后又中断

※ 现象：

机组噪声、振动。

※ 故障原因：

（1）泵的吸入管路上有漏气现象；

（2）在启泵前放空不彻底，泵内留有空气；

（3）泵的吸入管路突然被异物堵住，如图 3-33 所示；

（4）泵进口管线过滤器有杂物。

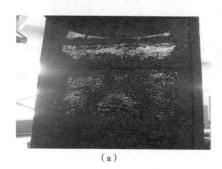
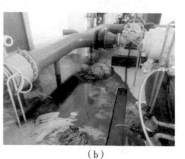

（a）　　　　　　　　　　　　（b）

图 3-33　多级离心泵滤网堵塞

※ 处理方法：

（1）检查泵的吸入管路、管线连接处以及填料函密封情况；

（2）停泵，打开泵的放空阀门，放净泵内空气；

（3）停泵，及时清除泵吸管路内的杂物；

（4）将过滤器盖打开，清理、清除过滤网（孔板）上的杂物。

故障 34　多级离心泵泵内有异声

※ 现象：

设备运行中有"噼啪"的响声。

※ 故障原因：

（1）运行机组存在汽蚀现象；

（2）运行的泵内有异物；

（3）机泵的泵转子零件可能部分损坏，如图 3-34 所示。

图 3-34　多级离心泵转子零件损坏

※ 处理方法：

（1）提高储罐液位，增加或增大泵的吸入口压力；

（2）停泵，对机泵进行拆解，及时清除异物；

（3）拆解泵体，对损坏的或受损零件进行更换。

故障 35 多级离心泵汽蚀

※ 现象:

泵内可听到"噼噼""啪啪"的爆炸声,同时机组产生振动,噪声强烈,压力表波动,电流波动,如图 3-35 所示。

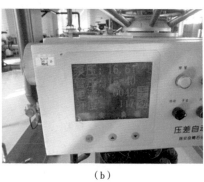

（a）　　　　　　　　　　　（b）

图 3-35　多级离心泵泵件汽蚀损坏

※ 故障原因:

（1）机泵流量增大,吸入管路中流动损失增大,吸入压力降低;

（2）机泵的吸入高度过高;

（3）机泵的吸入管阻力增大;

（4）机泵所输送的液体黏度增大;

（5）机泵所输送的液体温度过高,液体饱和蒸汽压也随之增加。

※ 处理方法:

（1）提高储罐液位,增加泵的吸入口压力,改进泵的吸入口至叶轮叶片入口附近的结构设计,正确、合理地设计吸入接管和吸入管路,保证液流能在其内部具有最小的流动阻力损失,使得吸入管内的液流在进入叶轮之前具有良好的流动性能;

（2）降低泵的吸入高度,采用安装前置诱导轮或增大叶轮叶片进口宽度、增加叶片的光洁度;

（3）检查机组流程，清理过滤器内的过滤网，加大阀门的开启度，减小泵的吸入管的阻力或采用双吸式叶轮；

（4）机泵在输送黏度高的液体时，要提前对所输送的液体进行加温，降低液体黏度，或采取伴热水掺水外输的办法；

（5）如果所输送的液体温度过高，要对加热装置进行降温，减小液体的饱和蒸汽压。

故障 36　多级离心泵流量不足

※ 现象：

运行机组有憋压现状，机泵振幅增大，排量减少。

※ 故障原因：

（1）运行泵太多，来液量供应不足；

（2）泵的进出口管道和离心泵叶轮的流道部分堵塞，供液罐内的积砂太多、罐的出口管路有堵塞现象；

（3）外管网压力过高，液体排不出去；

（4）泵进口管线过滤器有杂物堵塞，离心泵进口或出口阀门没有打开，进水管路堵塞，泵腔叶轮流道堵塞如图 3-36（a）所示；

（5）泵的供液管线直径小、阻力大，如图 3-36（b）所示；

（a）

（b）

图 3-36　多级离心泵流量不足

（6）泵体内的叶轮堵塞或叶轮、导翼有损坏现象；

（7）泵体内叶轮止口与密封环、挡套与衬磨套之间磨损严重，间隙超过标准规定范围；

（8）平衡机构出现问题，平衡盘磨损，平衡压力增大，漏失量增大；

（9）流量计出现故障，计量数据不准；

（10）电动机与泵匹配不合理，泵的转数降低。

※ 处理方法：

（1）减少运行机泵的泵台数或更换直径较大的来水管线，以增加供液量；

（2）检查清除泵的进出口管道和泵腔内的叶轮杂物、堵塞杂物，清理储罐和储罐的出口管线；

（3）协调上级，及时调整外网管线压力，降低回压；

（4）清理、清洗过滤器，清除其内部杂物；

（5）更换泵的进口管线，使管线直径大于泵的进口直径，减少弯头，减少管路弯道，弯头太多的可以装上自动排气阀装置，降低阻力；

（6）拆卸机组，清除叶轮流道上的堵塞物或更换以防损坏叶轮、导翼；

（7）停泵，重新检测、调整叶轮止口与密封环、挡套与衬磨套之间的配合间隙，达到标准要求范围；

（8）停泵检查平衡机构，清理检查平衡管、重新检查调整泵的工作窜量；

（9）请专业人员校对流量计，如损坏直接更换；

（10）专业人士检查电动机电流、电压、转速，是否达到泵设计转数要求或更换与泵参数匹配合理的电动机。

故障 37 多级离心泵扬程低

※ 现象：

电动机过载，水泵振动，噪声大，长时间工作为引起轴承损坏或电动机线圈因为热而烧毁。

※ 故障原因：

（1）机泵的叶轮装反（双吸泵）；

（2）机泵所输送的液体密度、黏度与设计条件不相符；

（3）泵的出口阀门开得过大，流量太大，如图 3-37（a）所示；

（4）机泵启泵前，放空不彻底，泵内气体未排净，如图 3-37（b）所示；

（5）机泵的转向不对；

（6）机泵的转速太低；

（7）泵体内的叶轮堵塞、磨损或腐蚀。

（a）

（b）

图 3-37　多级离心泵扬程低

※ 处理方法：

（1）停泵，检查叶轮，叶轮叶片的弯曲方向应与泵的转向相反，即为安装正确；

（2）降低所输送的介质黏度；

（3）及时调整泵出口阀门，使泵在最佳工况区内运行；

（4）停泵，重新进行放空，把泵内空气彻底排净为止；

（5）电工调整电动机旋转的方向，与泵旋转的方向一致；

（6）电工调整电动机的转速，使电动机的转速达到泵的设计要求；

（7）停泵，检查清洗叶轮，更换腐蚀、损坏的叶轮。

故障 38　多级离心泵运行一会儿便停机

※ 现象：

泵体发热如图 3-38 所示。

图 3-38　多级离心泵泵体发热

※ 故障原因：

（1）泵的吸程过高；

（2）叶轮的流道或泵进口管线受堵；

（3）泵内有空气产生或入口管线出现泄漏；

（4）机泵填料函中的填料或机械密封磨损，使空气漏入泵壳中；

（5）机泵所输送的液体温度过高或存在挥发性液体时，吸入水头不足；

（6）底阀的安装或入口管浸没的深度不够；

（7）机泵泵壳的密封垫损坏。

※ 处理方法

（1）查看净压头，防止入口管线太小或太长会造成相对很大的摩擦损失；

（2）检查并清除叶轮的流道或泵进口管线的障碍物或杂物；

（3）检查泵的入口管线是否有漏气现象或管线是否出现泄漏；

（4）检查泵轴套是否磨损或按要求更换密封填料或机械密封；

（5）加大泵的吸入水头或对所输送的介质进行物理处理；

（6）正确安装底阀，保障入口管的浸没深度，采用挡板技术消除涡流；

（7）根据密封垫的损坏情况并按要求进行更换。

故障 39　多级离心泵转动部件转动困难或有摩擦

※ 现象：

盘车时有卡阻现象，如图 3-39 所示。

图 3-39　多级离心泵盘车卡阻

※ 故障原因：

（1）机泵的泵轴弯曲；

（2）泵的叶轮与口环之间的运行间隙不正确；

（3）机泵泵壳上的管道应力过大；

（4）机泵的泵轴或叶轮环摆动太大；

（5）泵叶轮和泵壳之间有杂物。

※ 处理方法：

（1）按要求对泵轴进行校直轴或更换；

（2）检查各部之间的配合间隙是否正确，并按规定要求更换泵壳或叶轮；

（3）与厂家或技术人员合作消除应力，在应力消除后，及时检查机泵的同心度；

（4）停泵检查转动部分的部件和轴承，按照规定要求更换磨损或损坏的泵轴或叶轮等部件；

（5）停泵，检查并清理、清除叶轮与泵壳之间的杂物。

故障 40　多级离心泵抽空

※ 现象：

泵体振动，泵和电动机声音异常，压力表无指示，如图 3-40（a）所示，电流表归零，如图 3-40（b）所示。

（a）　　　　　　　　　　　（b）

图 3-40　多级离心泵抽空

※ 故障原因：

（1）运行泵进口管线堵塞；

（2）泵的进口阀门没开，放空未关闭；

（3）泵体内叶轮流道堵塞；

（4）泵进口阀门密封填料漏气严重；

（5）所输送的液体温度过低，吸入阻力过大；

（6）泵进口过滤器中的过滤网堵塞，泵内还有气未放净。

※ 处理方法：

（1）疏通并清理泵进口管线；

（2）在启泵前应全面检查启运设备的流程，关闭放空阀门；

（3）停泵，检查清洗叶轮，如出现损伤立即更换；

（4）及时调整进口阀门的密封填料压盖，杜绝漏气现象发生；

（5）采用掺水伴热，提高输送液体的温度；

（6）定期检查清理泵进口过滤器。在泵出口放空处放净泵内气体，在过滤器处放净泵进口管线内的气体。

故障 41　多级离心泵汽蚀

※ 现象：

泵体剧烈振动，噪声增加，压力表波动大，电流波动大，如图 3-41 所示。

图 3-41　多级离心泵叶轮汽蚀损坏

※ 故障原因：

（1）泵的吸入压力降低；进口吸入高度过高；

（2）泵的过滤器堵塞，泵的吸入管阻力增大；

（3）机泵所输送的液体黏度增大；

（4）所输送的液体温度过高，液体饱和蒸汽压增大。

※ 处理方法：

（1）提高储罐液位，增加泵的吸入口压力；降低泵的吸入高度；

（2）清理清洗过滤网，阀门的开启度增大，降低吸入管的阻力；

（3）机泵所输送的液体提前进行加温处理，降低输送时的黏度，也可采热水伴热集输的方式；

（4）如果输送的液体温度过高，要采取适当的降温措施，降低液体的饱和蒸汽压。

故障 42 多级离心泵启泵后泵不出水，但压力表压力正常

※ 现象：

泵体振动，有噪声，电流波动。

※ 故障原因：

（1）泵的出口管线堵塞；

（2）运行泵出口阀门闸板脱落，如图 3-42 所示；

（3）外网干线压力高于泵压；

（4）出口干线上的单流阀失灵。

图 3-42　多级离心泵出口阀门闸板脱落

※ 处理方法：

（1）疏通、清洗泵出口管线，清除管线内的杂物；

（2）更换或检修泵出口阀门；

（3）协调有关单位，调整外网压力，降低干线压力，使其低于泵的出口压力；

（4）更换或检修泵出口单流阀。

故障 43　多级离心泵盘不动车

※ 现象：

盘车时，机泵卡阻严重。

※ 故障原因：

（1）机泵体内结垢严重，叶轮卡住或重质液体凝固；

（2）机泵长期不盘车，泵内结垢卡死，如图 3-43 所示；

（3）泵的个别部件损坏或卡住；

（4）泵轴弯曲严重；

（5）更换填料时，填料压盖填料压得过紧。

图 3-43　多级离心泵盘卡阻

※ 处理方法：

（1）拆解机泵，除垢或凝固的重质液体（如油渣）；

（2）定期盘泵，尤其是长期备用设备；

（3）更换损坏的部件；

（4）校直或更换泵轴；

（5）调整填料压盖的松紧度或提高盘车频率。

故障 44　多级离心泵运行中功耗大

※ 现象：

有异常响声，泵的流量不稳定，泵头发热，如图 3-44 所示。

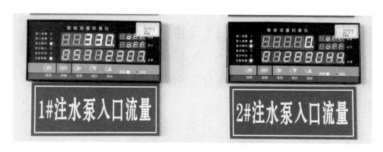

图 3-44　多级离心泵流量不稳定

※ 故障原因：

（1）泵体内叶轮与耐磨环、叶轮与壳有摩擦；

（2）操作时出口阀门开得过大或外网压力过低，机泵的流量变大；

（3）所输送的液体密度突然增加；

（4）填料压盖压得太紧或填料加偏，出现漏气产生的干磨现象；

（5）机泵的轴承损坏；

（6）机泵的转速过高；

（7）泵轴产生饶度弯曲；

（8）运行机组的轴向力平衡装置失灵；

（9）机泵联轴器的同心度不好或轴向间隙太小。

※ 处理方法：

（1）停泵，检修或调整各部的间隙；

（2）控制出口阀门或提高外网压力，减少流量；

（3）按时检查监控液体密度；

（4）调整填料压盖，检查水封管；

（5）更换新的轴承；

（6）电工调整电动机的转速，使电动机的转速达到泵的设计要求；

（7）按要求对泵轴进行校直轴或更换；

（8）检查清理平衡孔、回水管，重新调整平衡装置间隙；

（9）停泵，调整机泵同心度、调整机泵的轴向间隙。

故障 45　多级离心泵有噪声且不上水

※ 现象：

泵、进出口压力发生变化，电流也产生波动，如图 3-45 所示。

（a）　　　　　　　　　　　（b）

图 3-45　多级离心泵电流与压力波动

※ 故障原因：

（1）机泵的流量过大，液体供应不上；

（2）泵的吸入管线及过滤器有堵塞；

（3）吸水高度过高；

（4）吸水侧管路中有空气进入；

（5）所输送的介质温度过高。

※ 处理方法：

（1）及时调整出口阀门，使机泵在最佳工况区的范围内运行；

（2）检查、冲洗吸入管线、过滤器，清除堵塞物；

（3）根据现场实际，逐步降低吸水高度；

（4）检测吸入管线及连接法兰有无漏气现象或适当调整填料压盖的压入量；

（5）降低所输送介质的温度。

故障 46 多级离心泵停泵后，泵盘不动

※ 现象：

离心泵卡阻严重，无法正常盘车。

※ 故障原因：

（1）机组运转时间过长，机泵内结垢严重，间隙过小；

（2）运转时间长，机泵内部件破碎，卡住、卡死泵转子，如图 3-46 所示；

（3）操作不合理，使多级离心泵的泵平衡盘粘结咬死。

图 3-46 多级离心泵内部件破碎

※ 处理方法：

（1）停泵解体，清除机泵内污垢，重新调整配合间隙；

（2）更换机泵内损坏的配件；

（3）检查检测平衡机构，更换平衡环或整套平衡装置。

故障 47　多级离心泵叶轮、导翼有局部严重腐蚀现象（如缺角和蜂窝状等）

※ 现象：

机组振动大，机泵的流量、压力、温度、效率都发生了变化。

※ 故障原因：

（1）泵进口管线过长或来液不足，泵来液的温度发生了变化，造成泵的汽蚀严重；

（2）泵的排量过大，来液不稳定；

（3）进液管线阻力过大，过滤器堵塞；

（4）进液管直径过小或运行机泵台数过多，来液明显供应不足；

（5）机组的叶轮和导翼的材质不好；

（6）机泵的叶轮或导翼的叶片进口圆角过大（过厚），叶轮出口流道与导翼入口不对正，水流冲击过大，造成蜂窝状，如图 3-47 所示。

图 3-47　多级离心泵叶轮蜂窝状

※ 处理方法：

（1）改善泵的进口管线，保证泵有足够的吸入压力，减少或杜绝汽蚀的现象发生；

（2）适当调节排量，使泵在最佳工况区内运行；

（3）清理并冲洗过滤网，加大泵的吸入口管线的直径，减少不合理的弯头，降低阻力；

（4）改善或增大泵的供水管线，减少运行泵的台数；

（5）改进或更换叶轮、导翼材质，也可进行涂膜处理；

（6）按照设计规范，重新校正或安装。

故障 48　多级离心泵过流部件寿命短

※ 现象：

机组达不到最佳工况区运行，各项参数（电流、压力、流量、效率等）达不到额定要求。

※ 故障原因：

（1）泵进口管线过长或来液不足，泵来液的温度发生了变化，产生了汽蚀；

（2）泵的排量过大，来液不稳定；

（3）机泵所输送的介质具有腐蚀性；

（4）机泵各部的部件材质不好；

（5）安装时，装配工艺不合理，内部的各部件配合间隙不当，如图 3-48 所示。

※ 处理方法：

（1）改善泵的进口管线，保证泵有足够的吸入压力，减少汽蚀现象发生；

图 3-48　多级离心泵泵件损坏

（2）适当调节排量，使泵在最佳工况区内运行；

（3）对所输送的介质进行加药处理，改变水质；

（4）选用不锈钢材料进行泵件的加工锻造或部件进行涂膜处理；

（5）对照装配工艺，合理安装调整各零部件之间的配合间隙。

故障 49　多级离心泵油环转动过慢，带油太少

※ 现象：

油环上吸附的油脂过少或油环原地不转。

※ 故障原因：

（1）油环重量不够或材质过硬；

（2）油环不圆或泵轴不规则的磨损而造成油环转动快慢不均；

（3）油环过于光滑；

（4）由于润滑油的存在，油环和光滑的轴瓦壳产生吸附作用造成油环靠边，如图 3-49 所示。

67

图 3-49　多级离心泵油环靠边

※ 处理方法：

（1）适当加重或采用铸铁和铜制油环；

（2）校正或更换油环，修复泵轴；

（3）重新加工油环降低粗糙度或用锉刀打毛油环；

（4）清理或切削轴瓦壳边，清理油环的接触面。

故障 50　多级离心泵手动盘车困难

※ 现象：

未盘车而轴卡住或盘车有杂音，如图 3-50 所示。

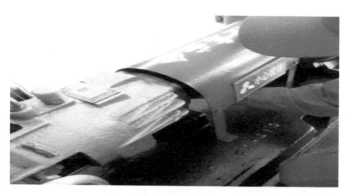

图 3-50　多级离心泵手动盘车困难

※ 故障原因：

（1）机泵的泵轴弯曲严重；

（2）机泵轴承磨损或损坏；

（3）离心泵机组不同心；

（4）泵内叶轮与泵壳产生摩擦。

※ 处理方法：

（1）按照标准校直或更换泵轴；

（2）对轴承进行调整或更换轴承；

（3）停泵，按照标准重新校正机组的同心度；

（4）停泵，重新校正调整间隙，使其在标准规定的范围内。

故障 51　多级离心泵的总扬程不够

※ 现象：

平衡压力不稳定，泵压及电流发生波动。

※ 故障原因：

（1）机组的电动机转速不够（电动机出现匝间短路）；

（2）机泵的出口阀开度过大，泵的排量过高；

（3）泵体内叶轮流道堵塞；

（4）泵内过流各部件间隙过大，如图 3-51 所示；

图 3-51　多级离心泵各部件间隙过大

（5）泵的密封口环磨损严重或损坏；

（6）泵体平衡机构磨损严重；

（7）泵的压力表失灵，不准或损坏。

※ 处理方法：

（1）电工查明电动机转数低的原因，并进行处理；

（2）合理控制泵出口阀门，调整泵的排量使其在合理范围之内；

（3）停泵，拆解机泵，清除叶轮流道上的堵塞物；

（4）停泵，解体检查并重新调整泵内各部之间的间隙；

（5）停泵，更换级间密封口环；

（6）停泵，检查平衡盘间隙，必要时更换受损的部件；

（7）更换压力表。

故障 52   多级离心泵转子窜动大

※ 现象：

机泵轴承（轴瓦）温度高，平衡压力波动大。

※ 故障原因：

（1）操作手控制操作不当，使运行机组的工况远离泵的设计工况；

（2）平衡管有堵塞现象，不通畅，平衡机构工作不正常，泵头有过热现象；

（3）机组振动，平衡盘及平衡环材质质量差，各部件磨损严重，如图 3-52 所示。

图 3-52   多级离心泵平衡盘磨损

※ 处理方法：

（1）严格遵守操作规程进行控制，使机组在最佳工况区内运行；

（2）停泵，检查、疏通平衡管并重新调整各部间隙，降低运行时的平衡压力，使平衡机构各部正常工作；

（3）停泵，更换标准材质的平衡盘及平衡环。

故障 53　多级离心泵机组在运行中机泵抱轴

※ 现象：

机泵轴承、轴瓦处有雾气产生并伴有高温。

※ 故障原因：

（1）机组所用的润滑油（脂）少或变质，如图 3-53 所示；

（2）冷却水供应不足或中断；

（3）联轴器附近杂物较多，未盘车就启动，造成泵轴卡住；

（4）泵内部件受损，零件卡住；

（5）仪表没有发出警示，操作人员发现机泵故障过晚。

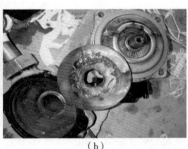

（a）　　　　　　　　　　　（b）

图 3-53　多级离心泵润滑油变质

※ 处理方法：

（1）操作人员要定期对油位进行检查，发现缺失时应及时补充，同时更换变质的润滑油（脂）；

（2）检查冷却水机组自动补压系统，随时对冷却水出口流量进行调整；

（3）操作人员对备用泵定期盘车，泵联轴器加装防护罩；

（4）定期检查设备，操作人员巡检时，仔细听泵运转的声音是否正常，做到及时发现问题及时处理。

故障54 多级离心泵在运行中泵轴摆度过大

※ 现象：

机泵轴瓦或轴承处高温。

※ 故障原因：

机泵运行时轴承和轴颈磨损或间隙过大，如图3-54所示。

图3-54 多级离心泵轴承和轴颈磨损或间隙过大

※ 处理方法：

停泵，组织专业人员修理轴颈、调整或更换轴承。

故障 55　多级离心泵运行时，电动机电流过载

※ 现象：

过载保护报警、动作。

※ 故障原因：

（1）泵的流量过大；

（2）泵内的密封环卡住；

（3）泵密封填料压盖过紧。

※ 处理方法：

（1）用泵的进口阀门，对流量进行调整；

（2）停泵，重新校对离心泵的同心度，如图 3-55 所示，更换损坏的密封环；

（3）对填料压盖调整。

图 3-55　校对离心泵同心度

故障 56　多级离心泵出口压力超指标

※ 现象：

泵出口压力超过额定值，如图 3-56 所示。

图 3-56　多级离心泵出口压力超标

※ 故障原因：

（1）泵的出口管线堵；

（2）泵的出口阀板脱落（或开度小）；

（3）泵出口压力表失灵；

（4）泵的入口压力过高；

（5）外网干线压力高。

※ 处理方法：

（1）检查并处理泵出口管线；

（2）调整泵出口阀门开度或更换出口阀门；

（3）对压力表进行更换；

（4）检查流程，降低泵的入口压力；

（5）联系有关单位，对管网压力调节。

故障 57　多级离心泵整体发热

※ 现象：

离心泵整体发热并伴有高温现象，如图 3-57 所示。

图 3-57　多级离心泵泵体发热

※ 故障原因：

（1）运行机组的轴承（轴瓦）损坏；

（2）机泵的滚动轴承（滑动轴承）或托架盖间隙过小；

（3）机泵的泵轴产生弯曲或两轴同心度差；

（4）供油不足，机泵缺润滑油（脂）或油质不好；

（5）泵内叶轮上的平衡孔堵塞，使叶轮失去了平衡，增大了向一边的推力。

※ 处理方法：

（1）停泵，更换轴承（轴瓦）；

（2）停运机组，拆除后端盖，在托架与轴承座之间加装垫片；

（3）停泵校轴或调整机组的同心度；

（4）检查供油系统或加注干净的油脂，油脂占轴承内空隙的 60% 左右；

（5）拆解机组，清除平衡孔内的杂物。

第4章 平衡和密封部分故障分析与处理方法

故障1 多级离心泵填料函体发热（烧）

※ 现象：

填料函处有水汽，如图4-1所示。

图4-1 多级离心泵填料函有水汽

※ 故障原因：

（1）离心泵的泵轴与电动机轴不同心，引起轴套与密封填料摩擦严重；

（2）密封填料选择或加装方式、方法不当；

（3）泵头的冷却水管与冷却环没有对正或冷却水管路不通；

（4）填料函的填料压盖压偏或压得过紧；

（5）填料加装数量过多；

（6）机泵的轴承出现磨损或损坏。

※ 处理方法：

（1）停泵，重新测量和调整离心泵机组同心度，达到规定范围标准；

（2）停泵，重新选择密封填料，按规定的方式方法加装好密封填料；

（3）停运机组，调整冷却水管入口与冷却环槽位置，将其对正，同时检查疏通冷却水管；

（4）调整密封填料压盖螺母，对角进行调整、调整的力度要均匀、松紧适当；

（5）根据填料函深度确定密封填料数量，一般的密封填料压盖深入填料函体内深度 3~5 mm 为宜；

（6）拆解泵体，调整或更换轴承。

故障 2　多级离心泵填料函泄漏过多

※ 现象：

冷却水用量大，填料函泄漏过多，如图 4-2 所示。

图 4-2　多级离心泵填料函泄漏过多

※ 故障原因：

（1）离心泵的泵轴与电动机轴的同心度不够或机泵的泵轴弯曲度超过了规定标准的要求；

（2）泵轴的轴套或密封填料磨损过多；

（3）密封填料选择或加装方式、方法不当；

（4）泵的转子出现了不平衡现象，引起振动；

（5）机泵轴承（轴瓦）或密封环磨损过多，造成了泵的转子偏心；

（6）密封填料压盖紧固度不够，过松。

※ 处理方法：

（1）停泵，拆解泵体，重新校轴或更换新的泵轴，重新测量和调整机组的同心度，达到规定的标准范围要求；

（2）及时更换轴套，更换密封填料；

（3）重新选择密封填料，按照规定的方式方法加装好密封填料；

（4）停泵，按照规定重新测量调整离心泵转子动或静平衡；

（5）更换机泵的轴承（轴瓦）或密封环；

（6）对填料压盖松紧度进行适当的调整。

故障3 多级离心泵机械密封漏失

※ 现象：

机械密封件与泵轴接触部位漏失或刺液，如图 4-3 所示，平衡压力波动。

※ 故障原因：

（1）泵头在机械密封安装时偏斜，工作端面与泵轴垂直度不够；

（2）机械密封的弹簧压缩量未达到规定要求；

（3）机组运行中，泵轴产生的振动；

（4）机械密封的密封胶圈损坏；

图 4-3 多级离心泵机械密封漏失

（5）机泵在运行中出现抽空或产生气蚀，造成机械密封的损坏；

（6）机泵的流量不稳定，造成机械密封的损坏；

（7）频繁启动操作运行设备，造成机械密封的损坏；

（8）机械密封的锁紧锁帽松动。

※ 处理方法：

（1）停运机组，重新安装机械密封，各项指标达到规定要求；

（2）重新调整机械密封的压缩量，达到规定的要求范围；

（3）查找并消除泵轴产生的振动，必要时停泵，重新校正泵轴；

（4）停泵，更换损坏的密封胶圈；

（5）加大进口液流，调整泵的出口阀门，及时消除泵抽空或气蚀现象，必要时停泵，更换机械密封；

（6）合理调控泵出口液体流量及稳定进口来液压力，必要时停泵，更换机械密封损坏；

（7）合理调整方案，减少设备的频繁启动；

（8）停泵，重新紧固锁帽。

故障4 多级离心泵密封填料函刺出高压物料

※ 现象：

填料函处有散水四溅的现象如图4-4所示。

图4-4 多级离心泵密封填料函刺漏

※ 故障原因：

（1）离心泵泵后段转子上的叶轮、档套、平衡盘、卸压套或轴套端面不平，磨损严重或损坏，造成不密封，使高压物料窜入，而且"O"形橡胶密封圈同时损坏，最后使高压物料从轴套中刺出；

（2）泵转子轴套两端的反扣锁紧螺帽没有锁紧，或轴套锁紧螺帽倒扣，轴向力使轴上的部件密封面产生位移，造成间隙窜渗；

（3）填料压盖压得过紧，密封填料与轴套发生严重的摩擦，出现发热现象，使轴套膨胀变形拉伸，轴上的部件冷却后，轴套产生收缩现象，使轴上的部件之间产生间隙，形成了窜渗；

（4）泵轴套表面磨损严重，密封填料质量差、规格选用错误或加入的方式方法不对。

※ 处理方法：

（1）停泵，检修或更换转子上端面磨损或损坏的部件，同时更换损

坏的 "O" 形橡胶密封圈;

（2）停运机组，重新上紧或更换锁紧螺帽;

（3）调整填料压盖，调整各部之间的间隙;

（4）停泵，更换磨损严重或损坏的轴套，选用规格合适的密封填料，按照技术规范的要求方法，重新填加。

故障 5　多级离心泵密封填料漏失、发烧

※ 现象:

冷却水用量大。

※ 故障原因:

（1）离心泵转子上的轴套表面不光滑或磨损严重，如图 4-5 所示;

图 4-5　离心泵轴套不光滑

（2）密封填料压盖压偏或密封圈磨损严重;

（3）新加入密封填料时，密封填料压得过紧;

（4）泵轴套与泵轴配合密封不好。

※ 处理方法:

（1）选用细砂纸打磨抛光不光滑的轴套表面或更换新轴套;

（2）调整或调节密封填料压盖或更换新的密封填料；

（3）在填加填料时，填料压得的松紧程度要符合标准的规定要求；

（4）调整或紧固轴套与轴之间的配合间隙。

故障6　多级离心泵密封填料发烧、甩油漏失

※ 现象：

密封填料处冒烟，填料函处有密封填料的碎末漏出，如图4-6所示。

图4-6　多级离心泵填料函有密封填料碎末漏出

※ 故障原因：

（1）离心泵的密封填料压盖压偏，磨轴套；

（2）泵轴套表面不光滑，密封填料加得过多，压得过紧；

（3）密封填料压盖松动，没有压紧；

（4）密封填料质量不行，密封填料加不住；

（5）在加入密封填料时，填料的切口在同一方向；

（6）泵轴套胶圈与轴密封不严，泵轴套磨损严重，加不住密封填料。

※ 处理方法：

（1）及时调整密封填料压盖，不偏斜，对称与泵轴套不会产生

摩擦;

（2）用细砂纸处理泵轴套上的不光滑或更换镀铬轴套，密封填料填加时，填料压盖以压入 5mm 为标准，适当调整压盖松紧度;

（3）对称调紧离心泵密封填料的压盖;

（4）重新更换新的、质量好的密封填料;

（5）离心泵的密封填料在填加时，密封填料切口要错开 90°~180° 角;

（6）停泵，更换泵轴套的"O"形密封胶圈;更换离心泵的轴套。

故障 7　多级离心泵轴封发热

※ 现象:

填料部位温度上升并伴有异味。

※ 故障原因:

（1）离心泵在加装密封填料时，填料压得过紧或干摩擦;

（2）泵轴上的填料环与水封管错位，如图 4-7 所示;

图 4-7　多级离心泵泵轴水封环错位

（3）泵头的冷却水管线不通;

（4）离心泵的机械密封损坏。

※ 处理方法：

（1）离心泵在加装填料时，要仔细检查填料的长度、数量，并按规定方法加装，对称、均匀紧固密封填料压盖螺母，随时盘泵，直到松紧合适为止；

（2）停泵，调整冷却水管入口，使之与填料环槽对口；

（3）拆解冷却水管线进行检查，发现问题及时处理；

（4）停泵，检查机械密封，紧固螺栓有无松动或机械密封是否过热，重新调整或更换机械密封。

故障 8　多级离心泵密封填料函漏失或刺水严重

※ 现象：

填料函处有水溢出或泵头处出现水垢，如图 4-8 所示。

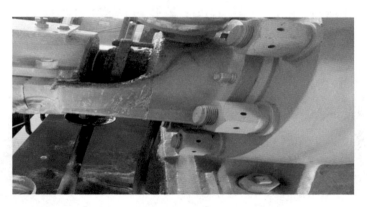

图 4-8　多级离心泵漏失形成水垢

※ 故障原因：

（1）离心泵密封盒里面的衬垫磨损（损坏）严重与泵轴套的间隙过大；

（2）泵轴出现了弯曲；

（3）离心泵转子上的轴套表面严重磨损，出现沟槽现象；

（4）离心泵所填加的密封填料质量差，规格选用错误，填加的方法

84

不对，对接口搭接不吻合；

（5）泵轴套的端面密封不好，泵内的高压液体从轴套内径与轴之间刺出，呈雾状；

（6）离心泵泵的转子不平衡，磨损振动大。

※ 处理方法：

（1）离心泵重新加镶衬套或更换离心泵密封盒衬垫；

（2）停泵，检测、校直或更换泵轴，使之弯曲度小于 0.03mm；

（3）停泵，更换轴套；

（4）重新选择密封填料，并按规定方法进行加装，对称、均匀紧固压盖螺母，直到松紧合适为止；

（5）检查离心泵轴套的端面平行度，在叶轮与轴套接触面加垫紫铜皮，并用锁紧螺母紧固好；

（6）停泵，对转子重新进行组装，使其径向跳动在规定范围内。

故障 9　多级离心泵密封填料函过热、冒烟

※ 现象：

填料函处温度较高并伴有烟气上升，如图 4-9 所示。

图 4-9　多级离心泵填料函冒烟

※ 故障原因：

（1）离心泵加装的密封填料硬度过大，没弹性；

（2）离心泵的密封填料压盖压偏或压得太紧，偏磨泵的轴套；

（3）离心泵泵头的冷却水管线入口与填料环槽没对正或冷却水不通；

（4）离心泵所加装的密封填料长度过长，接头发生重叠出现起棱现象、偏磨。

※ 处理方法：

（1）重新选择适合的离心泵的填料函；

（2）在加装填料时，对称、均匀地紧固压盖螺母，防止出现压偏现象，松紧度要合适；

（3）停泵，找好填料环位置，是其对应冷却水管线入口，保证冷却水的通畅；

（4）离心泵在加装填料时，要仔细检查填料的长度、数量，并按规定方法进行加装，对称、均匀紧固填料压盖螺母，随时盘泵，直到松紧合适为止。

故障 10　多级离心泵机械密封发生振动、发热冒烟、泄漏液体

※ 现象：

平衡压力不稳定，有异常响声。

※ 故障原因：

（1）运行机组的轴弯曲摆动；

（2）机械密封的端面宽度过大，端面比压太大，如图 4-10 所示；

（3）机械密封的动、静环的环面工艺粗糙；

（4）转动体与密封腔之间的间隙过小。

图 4-10　多级离心泵机械密封端面宽度过大

※ 处理方法：

（1）停泵，检测、校直或更换机泵的泵轴，使之弯曲度小于 0.03mm；

（2）减小机械密封的端面宽度，调整弹簧压力，降低端面比压；

（3）提高端面制造的精确度；

（4）增加密封腔内径或缩小转动件直径。

故障 11　多级离心泵机械密封端面漏失严重，漏失的液体夹带杂质

※ 现象：

刺水、噪声及振动。

※ 故障原因：

（1）机械密封的摩擦端面歪斜，平直度不够，如图 4-11 所示；

（2）机械密封的传动、止推件的结构不好，有杂质及固化介质粘结，使机械密封的动环失去浮动性；

（3）固体颗粒随着介质进入机械密封的端面，产生摩擦；

（4）机械密封弹簧力不够，造成比压不足或端面磨损及损坏，补偿作用消失；

（5）机械密封的摩擦副端面宽度过小；

（6）机械密封的端面与泵轴不垂直，产生偏磨；

（7）机械密封的动环、静环浮动性差。

图 4-11　多级离心泵机械密封歪斜

※ 处理方法：

（1）及时调整机械密封的摩擦副材料，同时将端面调正调平；

（2）改善机械密封的传动止推件的结构，防止杂质进入造成堵塞，清除粘结密封元件的杂物；

（3）提高机械密封的摩擦副材料硬度，改善密封的结构；

（4）对机械密封的弹簧力进行调整或调整压缩量；

（5）增加机械密封的端面宽度，提高比压值；

（6）及时调整端面与泵轴的垂直度；

（7）适当改善密封圈的弹性，同时增加机械密封的动环、静环与泵轴的间隙。

故障 12　多级离心泵机械密封轴向泄漏严重

※ 现象：

漏水、刺水。

※ 故障原因：

（1）机械密封的密封圈与泵轴配合太松或太紧，如图 4-11 所示；

（2）机械密封材质太软或太硬，材质的耐腐蚀、耐高温性能不好，易发生变形、老化、破裂粘结；

（3）机械密封在安装时，密封圈卷边，扭劲，压偏斜；

（4）机械密封的密封液压力过小，使静环脱离静环座。

※ 处理方法：

（1）更换选择合适的尺寸配合的密封圈；

（2）选择好材质的密封圈，更换新件或改变机械密封结构；

（3）机械密封的密封圈与泵轴的过盈量选择要适当；

（4）合理调节或调整密封液压力，并改进密封结构。

（a）

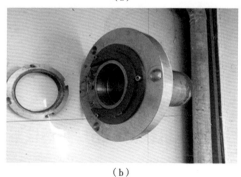

（b）

图 4-12　机械密封

故障 13　多级离心泵机械密封有周期性泄漏

※ 现象：

机泵串轴或排量不稳定，如图 4-13 所示。

图 4-13　多级离心泵串轴

※ 故障原因：

（1）离心泵在运行时，由于泵转子轴向窜动，动环来不及补偿位移；

（2）离心泵运行操作不平稳，密封腔内压力变大；

（3）离心泵在运行中，转子产生周期性振动而引起渗漏。

※ 处理方法：

（1）离心泵机组在组装时，应控制好泵的轴窜量，达到平稳操作，压力平稳；

（2）严格执行岗位的各项操作规程及制度，把密封腔压力控制好；

（3）排查原因，消除机组运行中的周期性振动。

故障 14　多级离心泵机械密封出现突然性漏失

※ 现象：

机泵振动大，响声异常。

※ 故障原因：

（1）离心泵机组在运行过程中，由于泵严重抽空，破坏了机械密封的性能；

（2）机械密封的弹簧被反转扭断，防转销子被切坏或顶住；

（3）机械密封的动环、静环断裂或密封圈破损，如图 4-14 所示；

（4）机械密封的端面固定螺栓松动，破坏机械密封的正常工作位置及状态，造成移动或偏斜。

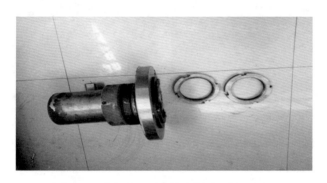

图 4-14　多级离心泵机械密封动、静环损坏

※ 处理方法：

（1）立即停泵，放空，排净泵内空气，泵重新进液；

（2）停泵，更换弹簧和防转销子；

（3）更换新的密封配件；

（4）重新紧固端面固定螺栓的同时，测定机械密封正常的工作位置，并重新进行装配，固定螺栓紧固牢靠，做好机械密封的密封圈检查工作。

故障 15　多级离心泵机械密封振动、发热

※ 现象：

机组出现振动，泵的前后端温度上升。

※ 故障原因：

（1）机械密封的制造材质较差，动环、静环端面粗糙，如图 4-15 所示；

（2）机械密封的动环、静环与密封腔的间隙过小，由于振摆引起间歇性的撞击；

（3）机械密封的密封端面耐腐蚀和耐温性能较差，摩擦副配对不当；

（4）冷却不足或机械密封端面在安装时夹有颗粒杂质。

（a）   （b）

图 4-15　多级离心泵机械密封端面粗糙

※ 处理方法：

（1）选择材质好的机械密封，将端面粗糙动环、静环进行更换；

（2）改进或增大密封腔的内径或减小转动部件的外径，至少要保证 0.75mm 的间隙；

（3）更改制造材质，使动环、静环更加耐温，耐腐蚀；

（4）提高或增大冷却液管道的管径或液压。

故障 16　多级离心泵机械密封不正常振动

※ 现象：

泵体内发出"噼噼啪啪"声响的同时，机械密封有液体刺出。

※ 故障原因：

（1）机械密封安装时，没有对其进行紧固；

（2）机械密封在安装时，对中精度不够，如图 4-16 所示；

（3）离心泵在运行时出现了抽空、气蚀等现象；

（4）机械密封的端面，液膜出现了汽化（闪蒸），润滑液膜不足；

（5）机械密封上有零件脱落或杂物落在了机械密封的腔室内；

（6）离心泵的叶轮及泵轴动平衡出现波动，轴承出现问题。

图 4-16　多级离心泵机械密封安装精度不够

※ 处理方法：

（1）停泵，重新安装机械密封，各部件螺纹联接时，按规定标准进行紧固；

（2）重新检测或调整机组的同心度，以保证有较高的安装精度；

（3）提高储水罐的水位或立即停泵进行放空，排净空气后，联系各部门重新启动运行设备；

（4）改进机械密封的辅助系统措施，加大端面冷却或加大冲洗量；

（5）停运机组，仔细拆卸机械密封，认真检查，清除密封腔内的杂物，重新进行组装；

（6）停泵，查找波动的原因，更换出现问题的轴承。

故障 17　多级离心泵机械密封端面龟裂烧伤、软环高度磨损

※ 现象：

　　机械密封损坏，有液体流出。

※ 故障原因：

　　（1）机械密封的辅助系统性能较差，冲洗口远离机械密封的端面，端面产生的摩擦热量不能被及时带走；

　　（2）离心泵出现了抽空现象，机械密封的端面干摩擦；

　　（3）离心泵的泵轴出现串动，造成机械密封的压缩量过大，如图4-17所示。

图 4-17　多级离心泵串轴

※ 处理方法：

　　（1）停泵，对离心泵所安装的机械密封重新进行检验，查看机械密封的辅助系统结构及性能，对冲洗口进行调整，降低机械密封端面的温度，保证正常运行；

　　（2）停泵，检查机械密封的端面，离心泵进行放空，排净空气后，联系各部门重新启动运行设备；

　　（3）停运机组，查找泵轴出现串动的原因，对机械密封的压缩量进行调整。

故障 18　多级离心泵机械密封弹性元件失弹

※ 现象：

　　机械密封失去作用，伴有高温，如图 4-18 所示。

图 4-18　多级离心泵机械密封损坏

※ 故障原因：

　　（1）离心泵所输送的介质温度过高，使机械密封的辅助系统性能降低，降温不够；

　　（2）冲洗口的冲洗液流量变少，机械密封腔室内的温差较大；

　　（3）机械密封在安装时，产生了偏斜。

※ 处理方法：

　　（1）对所输送的介质降温处理或调整机械密封的辅助系统，充分发挥密封圈的作用，降低密封腔温度；

　　（2）重新安装机械密封，调整机械密封与冲洗口的位置；

　　（3）按照标准，重新安装机械密封。

故障 19 多级离心式注水泵密封圈刺出高压水

※ 现象：

　　平衡压力增大，运行负荷增大。

※ 故障原因：

　　（1）离心泵在运行时，处于高压区域转子上的叶轮、挡套、平衡盘、卸压套等部件的端面出现不密封或损伤现象，造成填料不密封，从而使高压水窜入，同时，"O"形胶圈密封失效也能形成刺水现象；

　　（2）离心泵的泵轴两端锁紧螺帽没有锁紧，如图4-19所示，离心泵在运转时，轴向力与平衡力将泵轴上部件的密封端面拉开，形成了间隙而产生渗漏或刺水；

图 4-19　多级离心泵泵轴螺帽未锁紧

　　（3）离心泵泵轴上的锁紧螺帽倒扣，造成泵轴上的各部件产生间隙，形成了密封圈刺水；

　　（4）在填加密封圈时，密封圈有偏斜现象，密封圈与轴套摩擦，出现发热现象，高温下泵轴套膨胀，变成腰鼓形，同时拉伸或压缩泵转子上的各个部件，冷却后，泵轴套收缩，轴上各个部件端面出现了间隙，产生渗漏。

※ 处理方法：

（1）停泵，检修离心泵的转子，更换受损的部件，更换平衡盘背面和轴套等处的"O"形密封圈；

（2）停泵，重新调整各部之间的间隙，紧固或更换锁帽；

（3）停泵，检查锁帽，如锁帽内扣出现损伤，应立即进行更换；

（4）重新调整密封圈的松紧度，调整冷却水的来水压力，保证设备的运行温度。

故障 20　多级离心泵正常运行时突然前后密封圈刺水

※ 现象：

离心泵的泵头有大量的水汽或水流刺出。

※ 故障原因：

（1）离心泵运行前，没有及时调整填料压盖的松紧程度；

（2）离心泵运行时间过长，密封圈磨损严重，如图 4-20 所示；

（3）离心泵所输送的介质，外输时遇到了接近于泵出口压力的阻力，泵形成憋压，密封圈承受不了过高的压力。

图 4-20　多级离心泵密封圈磨损严重

※ 处理方法：

（1）启泵前，仔细检查填料压盖螺母的松紧程度；

（2）按时更换新的密封填料；

（3）及时与有关部门联系，降低外网压力，保证管网压力平稳，减少阻力，保证设备外输压力稳定。

故障21 多级离心泵平衡盘磨损过快（电流过高、不稳）

※ 现象：

电动机串轴，机泵轴瓦温度上升较快，泵件磨损，如图4-21所示。

图4-21 多级离心泵泵件磨损

※ 故障原因：

（1）离心泵的轴向推力过大，平衡效果差；

（2）平衡盘颈部的间隙过小，平衡盘打不开；

（3）离心泵运行时，平衡管及进、出口水孔堵塞，造成平衡盘背侧压力增大；

（4）离心泵在启动前放空不彻底，泵内有余气，泵抽空，造成离心泵的轴向推力过大。

※ 处理方法：

（1）重新调整、检查离心泵的平衡机构；

（2）根据技术要求，适当扩大颈部的间隙；

（3）停泵，清洗、疏通平衡管及其孔道，保证平衡管的畅通；

（4）启泵前，放空彻底，合理操作控制好离心泵的流量和储罐的液面。

故障 22　多级离心泵平衡套锁紧螺母刺坏

※ 现象：

　平衡压力发生变化，密封圈刺水，机组有轻微振感。

※ 故障原因：

（1）离心泵平衡机构的平衡套与泵后段密封不好；

（2）平衡套锁紧螺母没有加装密封胶圈，如图 4-22 所示。

图 4-22　多级离心泵平衡套锁紧螺母未加密封圈

※ 处理方法：

（1）重新安装平衡套，更换密封胶圈；

（2）更换锁紧螺母垫圈或用环氧树脂密封。

故障 23　运行中的多级离心泵出现串量过大

※ 现象:

机泵轴瓦温度升高,如图 4-23 所示。

图 4-23　多级离心泵轴瓦

※ 故障原因:

(1)运行设备转子备帽松动倒扣,使平衡盘等部件向后滑动,使机泵转子串量增大;

(2)机泵在运行中,平衡盘和平衡套磨损严重,使机泵串量增大。

※ 处理方法:

(1)停泵,重新调整并上紧备帽,重新调整平衡装置;

(2)停运机组,对平衡装置进行更换。

故障 24　多级离心泵平衡机构尾盖和平衡回水管发热

※ 现象:

平衡管变色、高温。

※ 故障原因:

(1)离心泵的平衡机构出现故障,失灵;

（2）运行机组的平衡装置没有打开，造成平衡盘与平衡套严重研磨发热，如图 4-24 所示。

图 4-24　多级离心泵平衡装置没打开

※ 处理方法：

（1）停泵，立即更换平衡机构；

（2）停运设备，专业人员查找原因，并报泵修大队进行处理。

故障 25　多级离心泵平衡管压力过高

※ 现象：

平衡管压力表压力波动如图 4-25 所示，机组有振感。

图 4-25　多级离心泵平衡管压力波动

101

※ 故障原因：

　　（1）运行机组的平衡套与平衡盘发生研磨，形成间隙过大；

　　（2）离心泵的卸压套或安装套磨损；

　　（3）离心泵的平衡管结垢严重；

　　（4）运行机组的显示平衡压力的压力表损坏。

※ 处理方法：

　　（1）停泵，更换或检修平衡机构损坏的部件；

　　（2）及时更换磨损严重的各零部件；

　　（3）停泵，冲洗、清理平衡管内的污垢；

　　（4）更换损坏的平衡管压力表。

故障 26　多级离心泵漏水

※ 现象：

　　泵段处有漏水现象，如图 4-26 所示。

图 4-26　多级离心泵漏水

※ 故障原因：

　　（1）离心泵安装的机械密封磨损；

（2）离心泵泵体有砂眼或机构部件有断痕；

（3）离心泵安装的轴套密封面不光滑；

（4）离心泵整体紧固装置螺栓松动。

※ 处理方法：

（1）更换机械密封；

（2）对泵体的砂眼进行焊补，对出现断痕的部件进行更换；

（3）停泵，更换新的轴套；

（4）停运机组，对离心泵的穿杠螺栓重新进行紧固。

故障 27　多级离心泵不能启动或启动负荷大

※ 现象：

运行机组在启动时，出现过载保护跳车现象，如图 4-27 所示。

图 4-27　过载保护跳车

※ 故障原因：

（1）变电所所输送的电压过低；

（2）运行泵的叶轮止口与密封环间隙过小，严重摩擦或有卡阻现象；

（3）离心泵的填料加得过多，填料压得过紧；

（4）启泵前活动泵的出口阀门，阀门未关严，有过水现象；

（5）离心泵的平衡管路不通畅，使平衡机构摩擦严重，有粘结的现象发生。

※ 处理方法：

（1）请专业人士检查变电所所输送的电源、电压和电动机的接线是否正常；

（2）拆解机组，检查或调整泵叶轮止口与密封环之间的配合间隙，使其在企业所规定的标准范围内；

（3）检查填料填加的数量，检查填料的长度，按操作规程规定的方法方式进行加装，对称、均匀地紧固密封填料压盖锁紧螺母，做到填加与调整同时进行，直到填料松紧适合为止；

（4）在启动前关闭泵出口阀门，启动后立即缓慢打开泵的出口阀门；

（5）立即停运机组，及时冲洗检、疏通平衡管路，使平衡机构恢复正常工作。

故障 28　多级离心泵机械密封失效

※ 现象：

刺水、振动、声音异常。

※ 故障原因：

（1）机械密封的动环、静环密封面的泄漏：端面平面度，粗糙度未达到设计要求，或表面出现划伤、划痕；端面间渗入颗粒物质，造成两端面不能同时工作；机械密封安装的不到位，安装方式不正确；

（2）机械密封补偿环密封圈的泄漏：机械密封压盖变形，安装时，紧力不均匀；安装方式不正确；密封圈质量较差；密封圈的规格选型出现错误，如图 4-28 所示。

图 4-28　多级离心泵机械密封规格选型错误

※ 处理方法：

（1）直接更换机械密封的动、静密封环，并重新进行调整；

（2）更换质量较差的动、静密封圈，并重新进行安装调试。

故障 29　多级离心泵机械密封的动、静环端面出现龟裂

※ 现象：

泵头处，机械密封有液体刺出或流出。

※ 故障原因：

（1）机械密封在安装时，密封面间隙较大，如图 4-29 所示，冲洗液来不及带走摩擦时产生的热量；冲洗液从密封面的间隙中漏走，造成机封端面过热而损坏；

（2）机泵所输送的液体介质汽化，发生了膨胀，使两端面受汽化膨胀力而产生距离，当两密封面再次用力贴合时，破坏了润滑膜，从而形成了机封的端面表面过热；

（3）密封冲洗液孔板或进口管线上过滤网堵塞，造成机泵的进液量不足，使机封失效。另外，密封面表面出现了滑沟，在端面贴合时，出现的缺口会导致密封元件失效。

图 4-29　多级离心泵机械密封密封面间隙大

※ 处理方法：

（1）停运机组，调整机械密封各部之间的间隙；

（2）立即停泵，马上进行放空，排净泵内的气体，并重新启泵；

（3）对机组的过滤器要定期进行清理。

故障 30　机械密封面表面滑沟，端面贴合时出现缺口导致密封元件失效

※ 现象：

填料函处有高压水渗出，多级离心泵同心度不合格，如图 4-30 所示。

图 4-30　多级离心泵同心度不合格

※ 故障原因:

（1）运行设备所输送的液体介质不清洁，有微小质地坚硬的颗粒，以很高的速度渗入密封端面，使端面表面出现划伤而失效；

（2）机泵传动部件的同心度不合格，泵启动后，每旋转一周，端面就会被晃动摩擦一次，动环运行轨迹不同心，形成机封端面汽化，产生过热而磨损。

※ 处理方法:

（1）对进口管线上的过滤器要经常清洗，及时更换破损的滤网；

（2）按操作规程规定的要求，对机泵的同心度重新进行调整。

第5章 泵壳和轴承部分故障分析与处理方法

故障1 多级离心泵轴承发热和轴承磨损

※ 现象：

泵头发热并伴有间接性的振动。

※ 故障原因：

（1）离心泵在流量极小情况下，机泵会产生振动；

（2）离心泵的泵轴与电动机轴不同心，如图5-1（a）所示，机泵泵轴弯曲度超过了规定标准；

（3）机泵转子不平衡引起的振动；

（4）离心泵轴承盒内润滑油（脂）过多、过少或润滑油（脂）太脏，如图5-1（b）所示；

（5）机泵轴承或密封环磨损，造成机泵转子偏心；

（6）机泵的轴承与泵轴配合不好或端盖压偏；

（7）机泵的轴承磨损严重，轴承滚珠架损坏；

（8）运行机组的油环带油不好。

（a）　　　　　　　　　　　　（b）

图 5-1　多级离心泵轴承发热

※ 处理方法：

（1）调整泵出口阀门，使离心泵在最佳工况区内运行；

（2）停泵，重新检测和调整离心泵机组的同心度，更换或校直泵轴，达到规定标准的范围；

（3）停泵，重新调整机泵转子的动、静平衡；

（4）按企业规定标准添加润滑油（脂），更换变质的润滑油（脂）；

（5）停运机组，重新调整泵叶轮止口与密封环之间的配合间隙，更换受损的轴承；

（6）重新调整轴承与泵轴之间的配合间隙，均匀调整紧固轴承压盖螺丝；

（7）对机泵轴承进行更换；

（8）拆解机泵端盖，检查油环是否变形或损坏，并适当补充润滑油（脂）。

故障 2　多级离心泵轴承发热

※ 现象：

轴瓦端盖处有异常响声并伴有高温、冒烟。

※ 故障原因：

（1）机泵的滑动轴承瓦块刮研没达到规定的要求；

（2）机泵的轴承间隙过小；

（3）运行机组的润滑油量供应不足，油质品质较差；

（4）机泵轴承装配不合理，如图 5-2 所示；

（5）运行机组的冷却水出现断流现象；

（6）机泵的轴承油磨损或松动现象。

图 5-2　多级离心泵轴承装配不合理

※ 处理方法：

（1）更换或检修滑动轴瓦的瓦块；

（2）调整轴承间隙或重新对滑动轴承刮研；

（3）调整供油泵的压力，提高油量或更换润滑油（脂）；

（4）按企业规定要求，检查轴承安装情况，消除不合理因素；

（5）检查冷却水管路，检查冷却水系统；

（6）立即更换轴承，重新调整紧固相关螺栓。

故障 3　多级离心泵轴瓦温度高

※ 现象：

泵房有异味，仪表数值上升快。

※ 故障原因：

　　（1）运行机组的冷却水来水量小或出现断流现象；

　　（2）运行机组的联轴器同心度较差，如图 5-3 所示；

图 5-3　联轴器同心度不合格

　　（3）运行机泵的轴瓦损伤或损坏；

　　（4）运行机组的轴瓦体润滑油较少；

　　（5）机组所使用的轴瓦润滑油不清洁；

　　（6）轴瓦部位没有形成保护油膜，润滑油管线内有气体存在。

※ 处理方法：

　　（1）检查冷却水系统运行情况，检查冷却水水源及管路系统；

　　（2）根据标准，重新校对联轴器的同心度；

　　（3）停运机组，立即更换轴瓦；

　　（4）提高润滑油压力或开大轴瓦润滑油进油阀门，加大走油量；

　　（5）联系有关部门，立即更换润滑油；

　　（6）查找漏气点，将气排净。

故障 4　多级离心泵轴瓦发热

※ 现象：

　　运行机泵轴向、径向振幅超过规定值。

※ 故障原因：

（1）离心泵滑动轴承的轴瓦刮研未达到规定要求，如图 5-4（a）所示；

（2）离心泵的轴瓦间隙过小，如图 5-4（b）所示；

（a）　　　　　　　　　　（b）

图 5-4　多级离心泵轴瓦发热

（3）润滑油系统出现问题，润滑油供油量不稳定（过多或过少）或润滑油变质；

（4）离心泵轴承未按标准安装；

（5）冷却水机组出现问题，冷却水来水量小或出现断流现象；

（6）离心泵的滑动轴承出现磨损或松动；

（7）泵轴发生弯曲；

（8）油环变形卡住或转动不灵活，润滑油带不上来；

（9）泵轴与电动机轴同心度出现偏差；

（10）滑动轴瓦的巴氏合金脱落。

※ 处理方法：

（1）停泵，取下轴瓦，重新进行刮研轴瓦，使每平方厘米达到 3~5 个接触点，轴瓦接触面达 70% 以上，并开好油槽；

（2）调整轴瓦间隙或重新刮研；

（3）调整润滑油系统，是油量达到容积的 1/2 ~ 2/3；

（4）按标准要求进行检查轴承装配情况，消除不合理因素；

（5）检查冷却水系统，冲洗、清理冷却水管路，保证机泵有足够的冷却水进行冷却；

（6）调整紧固压盖，将轴瓦磨损严重的地方，重新按标准进行刮研，并调整好轴瓦的间隙；

（7）校直泵轴，使其最大弯曲度小于 0.03mm，如果弯曲严重，直接更换泵轴；

（8）打开机泵轴瓦，检查油环，消除卡阻，如果变形严重，应立即停泵，更换新的带油环；

（9）重新测量、调整离心泵机组同心度，使其达到标准规定范围；

（10）重新对轴瓦进行挂瓦、加工、刮研，如果条件允许，可以直接更换新轴瓦。

故障 5　多级离心泵轴瓦温度高，机泵噪声异常，振动剧烈，电流波动

※ 现象：

二次温度仪表接近报警上限，设备运行声音异常，电流表指针波动大。

※ 故障原因：

（1）稀油站油箱缺油或润滑油的油路不畅通，如图 5-5（a）所示，造成运行机组的轴瓦因缺油而损坏；

（2）运行设备所使用的润滑油质量不合格，含有杂质或含水乳化；

（3）冷却水机组供应的冷却水中断或太小，使润滑油油温高，直接造成轴瓦温度过高；

（4）机泵所使用的轴瓦本身质量差或设备运转时间过长，造成轴瓦疲劳老化，如图 5-5（b）所示。

（a）

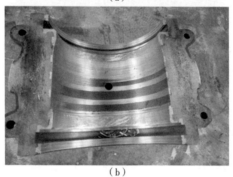

（b）

图 5-5　多级离心泵轴瓦温度高

※ 处理方法：

（1）稀油站油箱加油，并及时清理润滑油油路，保证润滑油管线畅通；

（2）立即更换润滑油，并取样进行化验；

（3）检查冷却水机组运行情况，检查冷却水管线，投运备用设备；

（4）停运机组，及时更换轴瓦。

故障6　多级离心泵泵体过热

※ 现象：

运行机组泵体温度持续升高，严重时，有雾气出现。

※ 故障原因：

（1）离心泵设计的排量大，但实际排量很小；

（2）机组安装时，中心线产生偏斜；

（3）离心泵转子上的部件与外壳产生摩擦，如图 5-6 所示。

图 5-6　多级离心泵转子与外壳摩擦

※ 处理方法：

（1）与有关部门联系，对离心泵进行减级处理或直接更换小排量的机泵；

（2）与施工单位进行协调处理；

（3）拆解离心泵，调试、调整各部件之间的间隙，并重新安装。

故障 7　多级离心泵壳体发热或汽化

※ 现象：

机组整体高温。

※ 故障原因：

（1）离心泵在流量极小或泵出口阀门关闭状态下运行；

（2）离心泵的转子与定子发生严重摩擦；

（3）泵在启运前，泵内未灌满液体或泵在运行中抽空，如图 5-7 所示；

（4）启泵后，未能及时打开泵出口阀门。

图 5-7　多级离心泵抽空

※ 处理方法：

（1）开大泵出口阀门，使机泵在最佳工况下运行；

（2）停泵，检查、调试或调整泵转子与定子之间的配合间隙；

（3）停泵，灌满液体，打开放空阀门，排净泵内空气，重新启泵；

（4）启泵后应立即打开泵出口阀门，防止出现憋压现象。

故障 8　多级离心泵轴承温度过高

※ 现象：

轴承端盖处有润滑油（脂）渗出。

※ 故障原因：

（1）离心泵的泵轴产生弯曲；

（2）联轴器或泵的驱动装置同心度不够；

（3）轴承润滑管路有堵塞或断流现象，造成轴承磨损；

（4）离心泵的泵壳上管道应力过大；

（5）油位过高或润滑脂加得太多，如图 5-8 所示。

图 5-8　油位过高

※ 处理方法：

（1）校直泵轴，使其最大弯曲度小于 0.03mm，如果弯曲严重，直接更换泵轴；

（2）停泵，检查机组对中情况，如需要，重新校对同心度；

（3）检查润滑油管路，进行冲洗、疏通。如果轴承磨损严重，直接进行更换；

（4）与离心泵厂家沟通、咨询，消除离心泵泵壳上的应力。消除应力之后，再检查机组同心度情况；

（5）拆下油盒上的堵头，使过多的油脂自动排出。如果是使用油润滑的离心泵，调整油压到正确的油位。

第6章 三相异步电动机故障分析与处理方法

故障1 电动机轴承声音异常

※ 现象：

电动机会发出连续的蜂鸣声"嗡嗡"，电动机在无负荷运行时，也会发出类似蜂鸣一样的声音，而且电动机还会产生轴向的振动，电动机停运后还会有蜂鸣声出现。

※ 故障原因：

（1）电动机两端轴承所用润滑油的油脂润滑状态不好；

（2）电动机所选用的轴承游隙过大，如图6-1所示；

图6-1 电动机轴承游隙过大

（3）机组的同心度较差；

（4）电动机在更换安装时，轴承受到损伤或损坏。

※ 处理方法：

（1）电动机轴承更换质量好的润滑油脂；

（2）更换制造精细、工艺精度较高的轴承；

（3）重新测量、调整离心泵机组同心度，使其达到标准规定范围；

（4）在更换电动机轴承时，严格按照操作规程进行。

故障 2　电动机温度急剧升高，冒烟、冒火花

※ 现象：

电动机温度急剧升高，冒烟、冒火花，如图 6-2 所示，机泵声音异常，振动大。

图 6-2　电动机冒烟

※ 故障原因：

（1）电动机的启动装置因老化或损坏，出现冒烟、打火花；

（2）电动机底座固定螺栓有倒扣现象，造成电动机发生剧烈振动；

（3）电动机轴承损坏，电动机发热、冒烟，高温；

（4）电动机所带动的运行泵被损坏；

（5）电动机的转速急剧减少，温度急剧升高；

（6）突发性人为事故、火灾或水灾等。

※ 处理方法：

（1）立即断电，用干粉灭火器灭火；

（2）停运运行设备，检查机组振动的原因；

（3）立即更换故障轴承；

（4）专业人员对离心泵进行检修；

（5）检查所使用的电源是否缺项；

（6）立即启动应急处置预案，进行紧急规避，保证人身安全。

故障 3　电动机缺相运行

※ 现象：

电流表指针波动大，电动机运转速度降低，电动机发热。

※ 故障原因：

（1）避雷器、电流互感器或交流接触器故障，如图 6-3（a）所示；

（2）保护断路器或空气开关故障，如图 6-3（b）所示；

（a）　　　　　　　　　　　　　（b）

图 6-3　电动机供电电路故障

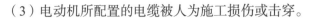

（3）电动机所配置的电缆被人为施工损伤或击穿。

※ 处理方法：

（1）立即更换避雷器、电流互感器或交流接触器；

（2）检查或更换保护断路器或空气开关；

（3）更换损坏的电缆。

故障 4　电动机在运行中工作电流超过额定电流

※ 现象：

机组整体温度升高。

※ 故障原因：

（1）系统外网压力降低，离心泵的流量过大，电动机超载运行，如图 6-4 所示；

（2）运行机组的出口阀门开得过大。

图 6-4　电动机超载运行

※ 处理方法：

（1）协调有关部门，及时调整外网压力，同时控制泵出口流量；

（2）关小泵出口阀门或提高外网压力。

故障 5　电动机单项运行

※ 现象：

　　电动机绕组过热，并有异常声音、烟雾及异味飘出。

※ 故障原因：

　　（1）三相电源中，其中的一相保险丝熔断；

　　（2）空气开关或断路器的触头接触不良；

　　（3）电动机接线的导线接头接触不好，如图 6-5 所示。

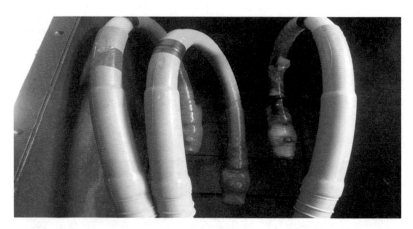

图 6-5　电动机供电电路接头接触不好

※ 处理方法：

　　（1）更换保险丝；

　　（2）电力人员处理电气设备出现的问题；

　　（3）重新更换导线接头。

故障 6　电动机不能启动

※ 现象：

　　设备无法正常运行。

※ 故障原因：

（1）电动机启动装置电源没电；

（2）电动机保险熔丝或保险管，熔断两相以上；

（3）电源线路上有两相或三相线断线或接触不良，供电电路故障，如图 6-6 所示；

（a）　　　　　　　　（b）　　　　　　　　（c）

图 6-6　电动机供电电路故障

（4）空气开关或启动设备上有两相以上的电线接触不良。

※ 处理方法：

（1）通知电力人员检查启动装置电源；

（2）更换保护装置内保险熔丝或保险管；

（3）电力人员进行维护检修；

（4）及时通知电力人员处理空气开关或启动设备接线触头或触点。

故障 7　电动机不能启动且有"嗡嗡"声

※ 现象：

电动机无转速，有"嗡嗡"的声音，电流无指示。

※ 故障原因：

（1）电动机的启动电源线有一相断线；

（2）电动机保护熔丝熔断一相；

（3）"Y"形接法的电动机绕组有一相断线。"△"形接法电动机有一相或两相断线；

（4）电机定子、转子之间产生摩擦，如图6-7所示；

图6-7　电动机定子、转子摩擦

（5）负载离心泵卡死；

（6）运行机泵轴承损坏；

（7）供电线电压太低。

※ 处理方法：

（1）专业人员查出断线处，并重新接好；

（2）更换保护装置内保险熔丝或保险管；

（3）专业人员查找绕组断线处，必要时重新换线；

（4）与厂家或专业人员进行协调，重新调整磁力中心，找出故障原因，予以消除；

（5）检查负载离心泵及其传动装置，对机组进行维护保养，问题解决后再运行设备；

（6）停运机组，更换损坏的轴承；

（7）供电的电源线太细，启动压降过大，更换粗导线，提高电压或及时投入电容补偿系统。

故障 8 电动机启动时熔丝熔断

※ 现象：

电动机不能正常启动。

※ 故障原因：

（1）电动机定子绕组一相接反，如图 6-8 所示；

（2）电动机定子绕组有短路或接地故障；

（3）电动机所带的负载机械卡住；

（4）启动操作时，设备操作使用不当；

（5）传动皮带太紧（多指柱塞泵）。

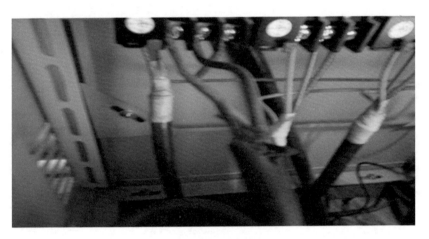

图 6-8　电动机线路接反

※ 处理方法：

（1）重新查找三相首尾端，并按顺序接好；

（2）及时查找绕组短路和接地处，消除故障；

（3）检查电动机所带的负载机械和传动装置；

（4）遵守操作规程，严格按操作步骤进行操作；

（5）适当调整皮带松紧度，保障机组的正常运行。

故障 9　电动机启动后转速较低

※ 现象：

配电盘上各种仪表保护动作、报警。

※ 故障原因：

（1）进户电源电压过低；

（2）电动机定子绕组有短路或接地现象；

（3）转子笼条损坏、断裂；

（4）电动机过载，如图 6-9 所示；

（5）把"△"形接法的电动机错接成"Y"形接法。

图 6-9　电动机过载

※ 处理方法：

（1）及时调整电压或投入电容补偿装置；

（2）查找绕组短路和接地点，及时消除故障；

（3）对损坏的部件进行更换；

（4）适当调整离心泵的流量，减轻负载；

（5）查找三相首尾端，并按顺序，以正确的接法改接过来。

故障 10　电动机三相电流不平衡，且温度过高，甚至冒烟

※ 现象：

电动机发出"嗡嗡"声，可嗅到焦煳味，电动机冒烟。

※ 故障原因：

（1）三相电源电压显示不平衡，如图 6-10（a）所示；

（2）电动机的三相绕组接线出现错误，绕组有短路或接地现象；

（3）电动机的轴承出现损伤或损坏，转子与定子发生碰撞，如图 6-10（b）所示；

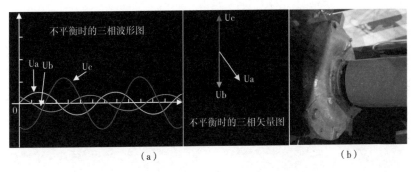

图 6-10　电动机温度高

（4）电动机单相运转。

※ 处理方法：

（1）专业人员用万用表检测三相电源是否有断相或接地、检查低压侧线路有无断相、接地或某处接触不良，发现问题，并相应予以排除；

（2）检查三相电源的首尾端，检查短路、接地的部位，予以修复；

（3）停运设备，立即更换轴承；

（4）专业人员用钳形电流表进行测量，电动机的三相引出线上的电流是否平衡，若其中的一相出现无电流或电流较小的现象，应立即停机，接好断线点。

故障 11　电流没有超过额定值，但电动机温度过高

※ 现象：

运行设备有微微的异味。

※ 故障原因：

（1）电动机所处的环境温度过高；

（2）电动机处于空旷厂区，直接受太阳曝晒；

（3）电动机所处环境密闭或有阻碍物，通风效果不好；

（4）电动机维护保养不到位，电动机上灰尘、油泥过多，影响机体散热，电动机散热差，如图 6-11 所示。

图 6-11　电动机散热差

※ 处理方法：

（1）降低电动机使用的环境温度，降低电动机所载的负载；

（2）增加遮挡、遮阳设施；

（3）增加风道或搬开影响电动机通风的阻碍物；

（4）定期进行保养，清除机体上的灰尘、油泥。

故障 12　电动机出现不正常的振动

※ 现象：

　　运行的电动机发出周期性的"嗡嗡"声。

※ 故障原因：

　　（1）电动机长时间运行，造成基础不稳固，如图 6-12 所示，运行的电动机在电磁转矩的作用下，产生了不正常的振动；

图 6-12　电动机基础不稳固

　　（2）电动机的风扇叶片损坏或固定风叶紧固螺丝松动，造成转子不平衡；

　　（3）运行的电动机转轴出现弯曲或有裂纹现象；

　　（4）电动机的定子、转子气隙不均，定子、转子的磁力中心不一致；

　　（5）三相电源电压不平衡，三相电动机缺相运行；

　　（6）电动机的转子绕组有短路或接地现象；

　　（7）电动机的并联绕组有支路断路现象；

　　（8）电动机改极后，槽配合不当。

※ 处理方法：

　　（1）重新加固电动机基础；

（2）更换电动机的风扇或重新紧固风扇叶片固定螺丝，重新校正转子的平衡度；

（3）立即更换新的转轴或按照标准校正弯轴；

（4）立即检查气隙是否均匀，如果测量数值超标，应重新调整气隙。同时检查、测量、调整轴承间隙，使磁力中心达到一致；

（5）查看绕组是否存在匝间短路的现象，如确认匝间短路后，将电机绕组进行重新下线，并予以修复；

（6）专业人员使用仪表查找短路或接地处，并加以修复；

（7）专业人员进行查找断线部位，并加以修复；

（8）改变绕组跨距，解决困难时，可将转子外径车削减去0.5mm左右。

故障 13 电动机绝缘电阻降低

※ 现象：

电动机绝缘电阻降低。

※ 故障原因：

（1）雨季，天气潮湿，潮气或雨水侵入电动机内；

（2）电动机的绕组上灰尘污垢太多，如图6-13所示；

图6-13 电动机灰尘太多

（3）电动机的引出线或接线盒接头的绝缘损坏；

（4）电动机过热后绕组绝缘老化；

（5）电动机绕组断路。

※ 处理方法：

（1）用摇表进行检测，同时进行烘干处理；

（2）电动机要定期进行保养，随时清除灰尘、油污等；

（3）重新对引出线头进行包扎处理；

（4）电动机可重新浸漆或重新绕制；

（5）检修更换电动机绕组。

故障 14　电动机运行时声音不正常

※ 现象：

电动机在运行时"嗡嗡"响声增大。

※ 故障原因：

（1）电动机的轴承损坏或润滑油（脂）严重流失，油中含有杂质等；

（2）定子与转子发生摩擦；

（3）电动机的风罩或转轴上零部件（风扇、联轴器等）松动，如图 6-14 所示；

图 6-14　电动机零件松动

（4）电动机风罩内有杂物进入；

（5）轴承的内圈与轴的配合间隙过大；

（6）电动机一相突然断路，单相或两相运行；

（7）电动机绕组有短路或接地现象；

（8）电动机绕组接错；

（9）电动机的并联绕组中，有支路出现断路现象；

（10）电动机出现过载现象；

（11）三相电源电压过低；

（12）电动机地脚螺栓松动。

※ 处理方法：

（1）更换轴承，更换润滑油（脂）；

（2）纠正转子轴，锉去定子或转子铁芯突出的部分，更换高质量的轴承；

（3）重新紧固电动机风罩或其他零部件；

（4）清除电动机风罩内的杂物；

（5）堆焊转轴，并按规定尺寸重新车削，使其与轴承配合紧密或直接更换轴承；

（6）应立即停机并设法找出线路、绕组断线或接触不良处断路点，并予以排除；

（7）立即停机，检查短路或接地位置，发现故障点及时修复；

（8）按正确的方式重新接线；

（9）及时查找断路点，并重新接好；

（10）适当调整所带的设备，降低负载；

（11）调整电压或投入电容补偿器来保证电压平稳；

（12）重新紧固电动机地脚螺栓。

故障 15　电动机轴承过热

※ 现象：

　　电动机端盖处有油脂流出。

※ 故障原因：

　　（1）电动机滚动轴承安装不正确、配合公差太紧或太松；

　　（2）轴发生了弯曲；

　　（3）电动机端盖没有紧固、松动或没装好；

　　（4）电动机所用的润滑油（脂）太脏或变质；

　　（5）润滑油加得过多或过少；

　　（6）电动机所选用的润滑油牌号不符合要求；

　　（7）轴承损坏，滚珠、滚柱、内圈、外圈、滚珠之架严重磨损或有金属剥落现象，如图 6-15 所示；

　　（8）电动机外轴承盖与滚动轴承外圆之间的轴向间隙太小。

图 6-15　电动机轴承损坏

※ 处理方法：

　　（1）重新安装或更换轴承；

　　（2）将弯曲的轴校直或直接更换新轴；

　　（3）将电动机两侧的端盖或轴承盖止口装平，用螺栓均匀地旋转，紧固固定；

（4）将不合适或变质的润滑脂清洗干净，换上合适的洁净的润滑脂，并清洗轴承；

（5）按标准将润滑油加到油腔的 1/2~2/3；

（6）按规定要求更换润滑油的牌号；

（7）立即更换损坏轴承；

（8）将前侧或后侧轴承盖用车床车去一点，或是在轴承盖与端盖之间加垫薄绝缘纸垫，使电动机端外轴承盖与轴承的外圈之间形成足够的间隙。

故障 16　电动机机壳带电

※ 现象：

电动机机壳外表有弧光短路迹象，部分区域有电击黑点。

※ 故障原因：

（1）电动机的引出线或接线盒接头的绝缘损坏造成电动机接地；

（2）绕组端部太长碰到机壳；

（3）电动机槽内有铁屑等杂物，导致导线接地；

（4）电动机外壳没接地或出现损坏，如图 6-16 所示。

图 6-16　电动机外壳没接地

※ 处理方法：

（1）对电动机引出线做绝缘处理或包扎绝缘胶布；

（2）拆下电动机端盖，找出接地端点、线圈的接地点，进行包扎绝缘与涂漆共同进行，电动机端盖内壁须用绝缘纸进行衬垫；

（3）拆开电动机的每个绕组接头，查找出接地绕组，条件许可的情况下，可进行局部修理，同时进行内部杂物清理；

（4）检查电动机的接地装置是否完好，并重新将外壳做可靠接地。

故障 17　电动机绕组与铁心或与机壳绝缘破坏而造成的接地

※ 现象：

电动机机壳带电、控制线路出现失控现象、绕组短路发热，致使电动机无法正常运行。

※ 故障原因：

（1）电动机绕组受潮致使其绝缘电阻下降，如图 6-17 所示；

图 6-17　电动机绕组受潮

（2）电动机长期过载运行，导致有害气体腐蚀；

（3）有金属异物侵入电动机绕组内部，造成绝缘损坏；

（4）电动机在重绕定子绕组时，绝缘损坏碰到铁芯；

（5）绕组端部碰到了端盖机座，造成定子、转子出现摩擦，从而引起了绝缘灼伤；

（6）电动机的引出线绝缘破坏，与壳体发生了相碰；

（7）电动机绕组遭到过电压（如雷击），使其绝缘被击穿。

※ 处理方法：

（1）电动机先进行烘干处理，当冷却到 60~70℃时，浇上绝缘漆后进行烘干处理；

（2）电动机定期进行保养；

（3）发现电动机绕组端部绝缘损坏时，应在接地处重新进行绝缘处理，涂漆，再烘干；

（4）在发现电动机绕组接地点在槽内时，应做重绕绕组处理或更换部分绕组元件；

（5）打开电动机端盖，调整各部之间的间隙；

（6）更换电缆，重新接线；

（7）及时更换损坏设备，同时做好避雷等保护装置。

故障 18　电动机绕组短路

※ 现象：

三相电流不平衡，电动机运行时振动和噪声加剧，严重时电动机不能启动，发热或烧毁。

※ 故障原因：

（1）电动机长期超负荷运行，使绝缘老化失去绝缘作用，如图 6-18 所示；

图 6-18　电动机绕组绝缘老化

（2）电动机在嵌线时，导线的绝缘保护受到破坏，使绕组受潮，绝缘电阻下降，造成绝缘击穿，电动机端部和层间绝缘材料没垫好造成损坏；

（3）电动机端部连接线绝缘损坏，过电压或遭雷击使电动机绝缘被击穿；

（4）电动机的转子与定子绕组端部相互产生了摩擦，造成绝缘的损坏，金属异物落入电动机内部或油污较多。

※ 处理方法：

（1）重包绝缘线，再上漆重新烘干，达到绝缘标准；

（2）查找出短路点并进行修复，重新放入线槽后，再上漆进行烘干；

（3）及时更换损坏设备部件，同时做好避雷等应急保护装置；

（4）如果电动机的绕组短路点匝数超过 1/2 时，全部拆除重绕，同时清除电动机内部的异物及油污。

故障 19　电动机绕组断路

※ 现象：

电动机不能启动，三相电流不平衡，电动机有异常噪声，振动较大，温升超过允许规定值，电动机冒烟。

※ 故障原因：

（1）电动机在检修和维护保养过程中，碰断绕组，电动机在制造过程中质量不过关，如图 6-19 所示。

图 6-19　电动机绕组损坏

（2）电动机的绕组各元件、极（相）组和绕组、引接线等，这些部位的接线头在焊接时出现问题，电动机长期运行使接线头过热脱焊。

（3）电动机受机械力与电磁场力作用，使电动机绕组出现损伤或拉断。

（4）电动机匝间、相间短路接地，造成绕组严重烧毁或熔断等。

※ 处理方法：

（1）找到断裂绕组，重新包上绝缘材料，并套好绝缘管，再次进行绑扎，随后进行烘干。

（2）专业人员查找问题，并对所有焊点进行复查。

（3）找出槽内的断点，如果断点的数量极少，可做应急处理，并在绕组断部将其连接好后，并绝缘处理，合格后方能使用。

（4）对于笼形转子断笼的，可以采用焊接法、冷接法或换条法进行修复。

故障 20　电动机绕组接错

※ 现象：

电动机不能启动、空载电流过大或不平衡过大，温升太快或有剧烈振动并有很大的噪声、烧断保险丝等现象。

※ 故障原因：

（1）误将"△"形接成"Y"形；

（2）维修保养时三相绕组有一相首尾接反；

（3）减压启动是抽头位置选择不合适或内部接线错误；

（4）新电动机在下线时，绕组连接错误；

（5）旧电动机出头判断不对。

※ 处理方法：

（1）引出线错误，应正确判断首尾后重新连接。

（2）减压启动接错的，应对照接线图或原理图，认真校对重新接线。

（3）新电动机下线或重新接绕组后接线错误的，应送厂返修。

（4）定子绕组一相接反时，接反的一相电流特别大，可根据这个特点查找故障并进行维修。

（5）把"Y"形接成"△"形或匝数不够，则空载电流大，应及时更正。

故障 21　电动机温升过高或冒烟

※ 现象：

实际电压超过额定电压。

※ 故障原因：

（1）电动机的负载过重或启动次数频繁；

（2）电动机在运行过程中出现缺相现象；

（3）电动机的定子绕组接线错误；

（4）电动机的定子绕组出现了接地、匝间或相间短路的现象；

（5）电动机的使用环境温度过高（超过40℃），电动机的风冷循环系统进风太热，电动机散热困难，如图6-20所示；

图6-20　电动机散热困难

（6）电动机出现振动，使电动机转子断条；

（7）电动机的定子与转子相互摩擦；

（8）笼形转子出现断条或绕线转子线圈接头有松脱现象；

（9）电源的一相熔丝断路或电源开关出现接触不良的现象。

※ 处理方法：

（1）应减轻负载或换用大功率的电动机，减少启动次数；

（2）专业人员检查线路出现的问题，恢复三相供电；

（3）使用仪表检查各个接线，加以改正；

（4）查出定子绕组的接地或出现短路部位的顺序，立即修复；

（5）应加大通风量，采取强制降温措施；

（6）马上更换电动机的转子；

（7）立即停机检查，查看两侧轴承、转子是否有变形现象，联系维修人员进行修理或更换；

（8）对铜条转子的电动机作焊补或更换处理，对铸铝的转子应进行更换；

（9）应马上联系专业人员修复或更换损坏的元件。

故障 22　电动机接通后不能启动

※ 现象：

启动后，机泵无动作，供电电压低，如图 6-21 所示。

图 6-21　电动机供电电压低

※ 故障原因：

（1）电动机按规定应为"△"形接法连接，但却错接成"Y"形而且其所带负载负荷较重；

（2）电动机定子绕组出现断路，短路接地现象，电动机出现绕组断路故障；

（3）电动机所带负载的传动机构被卡住；

（4）电动机的过载保护设备选用和调整不当；

（5）供电的电源线路本身电压过低；

（6）供电电源缺相。

※ 处理方法：

（1）专业人士检查接线接法，及时纠正错误接法；

（2）找出电动机定子绕组的故障点，发现故障，及时排除；

（3）检查所带负载的传动机构，及时排除故障；

（4）适当调高过载保护设备的整定值，或更换适宜的电动机，减小所拖动设备的负载；

（5）检查供电电源线出现问题的原因并予以排除；

（6）检查供电线路，恢复三相。

故障 23　电动机振动过大

※ 现象：

机组各项参数发生变化。

※ 故障原因：

（1）电源电压不对称、电动机绕组短路及多路绕组中的个别支路出现断路；

（2）联轴器出现歪斜、错位，齿式联轴器齿形、齿距不对，间隙过大或磨损严重；

（3）电动机的定子、转子磁力中心不一致；

（4）电动机的出厂存在的问题，轴颈椭圆，转轴弯曲；

（5）电动机与基础底座之间固定不牢，底脚螺栓松动，如图 6-22 所示。

图 6-22　电动机基础不牢

※ 处理方法：

（1）专业人士查找故障点，并予以修复；

（2）检查、校正或更换联轴器；

（3）与厂家及专业人士协调、沟通，调整定子、转子的磁力中心；

（4）更换电动机；

（5）检查安装情况，检查紧固底脚螺栓。

故障 24　电动机带负载时转速过低

※ 现象：

电动机空运正常，带负荷后出现异常，如图 6-23 所示。

图 6-23　电动机负载过大出现异常

※ 故障原因：

（1）供电电源电压过低；

（2）所带设备负载过大；

（3）笼形转子绕组出现断条故障；

（4）绕线转子线组一相焊点开焊或接触不良，断开。

※ 处理方法：

（1）升高电网电压；

（2）根据电动机的额定值选择所带负荷；

（3）查找故障点，及时修复；

（4）检查转子绕组，检查电刷压力，检查电刷与滑环接触的情况。

故障 25　电动机空载或负载时，电流表指针不稳摆动

※ 现象：

电流表指针不稳、摆动，如图 6-24 所示。

图 6-24　电动机电流不稳

※ 故障原因：

（1）绕线式电动机的转子绕组有一相电刷接触不良；

（2）绕线式电动机集电环短路装置接触不良；

（3）鼠笼式转子出现开焊或断条；

（4）绕线式转子一相断路。

※ 处理方法：

（1）检查调整电刷之间的间隙或更换电刷；

（2）更换电动机集电环短路装置；

（3）查出开焊、断条位置，修复或更换转子；

（4）检测、检查绕转子回路，断定缺项后，加以修复，进行连接。

故障 26　电动机启动困难，加额定负载后，电动机转速比降低

※ 现象：

电动机运行不平稳，参数异常，如图 6-25 所示。

图 6-25　电动机故障

※ 故障原因：

（1）供电电源电压过低；

（2）电动机接线错误，"△"形接误接"Y"形；

（3）绕线式转子的电刷或启动变阻器之间接触不良；

（4）电动机的定子、转子局部线圈接错或接反；

（5）绕线式转子绕组有一相断路，电刷与集电环接触不良。

※ 处理方法：

（1）电源线路比较细，导致导线的电阻比较大，线路末端电压较低，更换截面较大的导线；

（2）改为△形接线，纠正错误；

（3）检查、检测电刷压力，电刷与转子绕组之间的间隙；

（4）查找定子、转子的故障点，并加以维修；

（5）查找断相，排除故障点，检查电刷与集电环。

故障 27　电动机三相电流不平衡

※ 现象：

电动机温度升高，壳体变色，电动机短路，如图 6-26 所示。

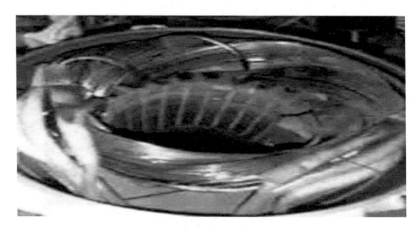

图 6-26　电动机短路

※ 故障原因：

（1）三相电源电压出现的不平衡，引起三相电动机电流也不平衡；

（2）电动机的绕组出现匝间短路；

（3）绕组并联支路中，一条或几条支路断路；

（4）电动机的定子绕组线圈接反；

（5）电动机的各连接开关、触点松脱、氧化等原因，造成缺相现象。

※ 处理方法：

（1）专业人员用电压表测量三相电源电压，发现不平衡时，则应了解找出原因，并予以排除；

（2）电动机线圈内有匝间短路的现象，应立即检修或更换电动机；

（3）检测、查找故障点，进行修复；

（4）查找接线错误的线圈，并重新接线；

（5）定期对电气设备进行维护保养。

故障 28　电动机定子绕组潮湿或进水

※ 现象：

电动机绝缘能力降低，无法正常启动运行，通风效果差，如图 6-27
所示。

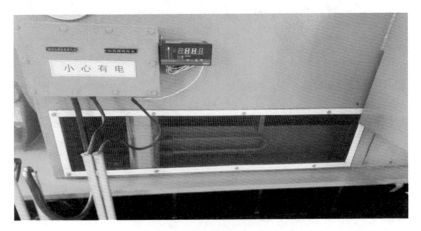

图 6-27　通风效果差

※ 故障原因：

（1）雨季，天气潮湿，电动机通风效果差；

（2）大风大雨或者是洪涝灾害等恶劣天气；

（3）电动机通风装置没打开。

※ 处理方法：

（1）烘干或打开门窗自然通风；

（2）做好应对恶劣天气的应急处置措施；

（3）打开电动机自身通风装置或端盖。

故障 29　电动机遭过大电压击穿

※ 现象：

电动机外壳出现焦煳现象，如图 6-28 所示。

图 6-28　电动机外壳烧焦

※ 故障原因：

（1）电源线路遭受雷击，而防雷保护措施不完善；

（2）操作手在操作时出现了误操作；

（3）电动机内部的过电压，包括操作时过电压、弧光接地时过电压和谐振的过电压等。

※ 处理方法：

（1）完善线路防雷保护的各项设施；

（2）操作手严格按操作规程进行操作，杜绝误操作现象发生；

（3）加强电动机绕组绝缘预防性的实验，及时发现和消除定子绕组绝缘中存在的各种安全隐患及缺陷。

故障 30　电动机出现的异常噪声

※ 现象：

　　运行电动机有口哨声，风扇叶子旋转时的异常声响，电动机有刺耳的"嚓嚓"声。

※ 故障原因：

　　（1）电动机两端的轴承（轴瓦）出现故障；

　　（2）电动机缺相运行；

　　（3）电动机轴承（轴瓦）缺油严重，保养不到位，如图 6-29 所示；

　　（4）电动机的定子槽楔出现松动或断裂。

图 6-29　电动机保养不到位

※ 处理方法：

　　（1）更换轴承，如果轴承跑内圈或外圈，可镶套或更换端盖；

　　（2）检查保险熔丝是否熔断；

　　（3）电动机轴承（轴瓦）加油，油位保持在 1/2~2/3；

　　（4）修复或更换松动、断裂的定子槽楔。